Abdurahamon Ergashev
Obid Yunusov
Elshod Ulugmurodov

Peculiaridades do fabrico de sensores de temperatura de três eléctrodos

Abdurahamon Ergashev
Obid Yunusov
Elshod Ulugmurodov

Peculiaridades do fabrico de sensores de temperatura de três eléctrodos

Estruturas de silício de três eléctrodos para sensores de temperatura

ScienciaScripts

Cover image: www.ingimage.com

This book is a translation from the original published under ISBN 978-620-2-39640-0.

Publisher:
Sciencia Scripts
is a trademark of
Dodo Books Indian Ocean Ltd. and OmniScriptum S.R.L publishing group

120 High Road, East Finchley, London, N2 9ED, United Kingdom
Str. Armeneasca 28/1, office 1, Chisinau MD-2012, Republic of Moldova, Europe
Printed at: see last page
ISBN: 978-620-7-95205-2

Conteúdo

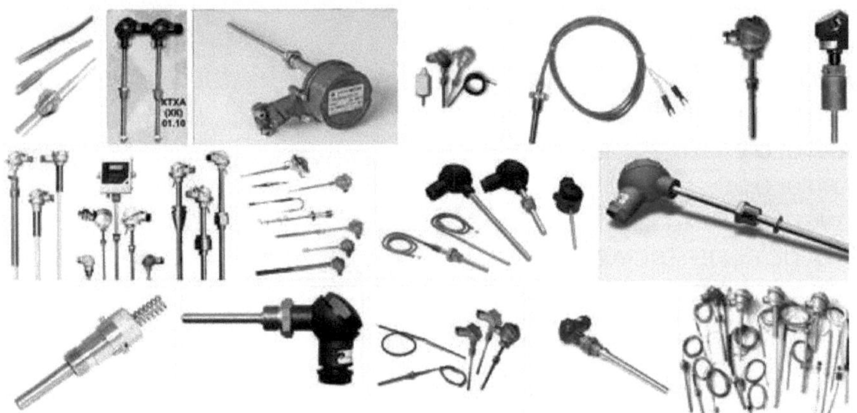

Na monografia, *são apresentadas estruturas de silício de três eléctrodos para sensores de temperatura. Para o estudo, foram fabricados 2 tipos de estruturas de silício p-n, consistindo numa camada epitaxial do tipo n dopada com fósforo em amostras do tipo Iu em amostras do tipo II, que é cultivada num substrato de silício do tipo p orientado no plano e dopado com boro.*

A investigação consiste no desenvolvimento de um sistema de controlo a dois níveis do controlo do processo de dosagem no branqueamento de tecidos. Neste caso, no nível inferior resolve-se a questão da manutenção dos parâmetros tecnológicos de um determinado valor a um nível aceitável, e a coordenação das acções das unidades tecnológicas é realizada a um nível superior. Propõe-se um algoritmo eficaz para o cálculo de um dispositivo de compensação para avaliar o efeito da alteração dos coeficientes da função de transferência dos reguladores digitais. Propõe-se a utilização do sistema SCADA para o controlo deste processo tecnológico. Propõe-se o algoritmo de modelação e síntese do sistema de controlo com atraso com base em modelos gráficos dinâmicos, o que permite ter em conta a influência do atraso nas propriedades do objeto e compensá-la.

INTRODUÇÃO

A fase moderna de desenvolvimento da eletrónica e da tecnologia informática conduziu à condição prévia de uma ampla automatização dos mais diversos processos na indústria, na investigação científica e na vida quotidiana. No entanto, a realização prática deste pré-requisito é largamente determinada pelas capacidades dos dispositivos concebidos para obter informações sobre o parâmetro ou processo regulado. Estes dispositivos são designados por sensores na tecnologia [1-5]. Naturalmente, a aplicação de sensores não se limita apenas a sistemas automatizados, uma vez que também podem desempenhar as funções de elementos de sistemas de medição simples.

Atualmente, os termómetros electrónicos para a medição da temperatura utilizam termodíodos, termotransístores, resistências e termossensores integrados [1,2]. Entre outras coisas, o Uzbequistão está a trabalhar no desenvolvimento de sensores de temperatura sob a forma de termoresistências de silício com uma área de base compensada: utilizando a tecnologia de difusão por dopagem com impurezas de metais de transição (manganês, níquel, etc.) [3], e por dopagem de silício por radiação térmica [4]. Além disso, com base em circuitos integrados de transístores complementares constituídos por várias dezenas de transístores, foram propostos vários sensores térmicos capazes de monitorizar a temperatura de vários objectos [5,6].

Uma desvantagem comum dos sensores de semicondutores conhecidos é a sua baixa precisão na medição da temperatura. A precisão da medição da temperatura em sensores de semicondutores é determinada por uma combinação de muitos factores, a maioria dos quais é consequência da forte dependência da sensibilidade à temperatura destas estruturas em relação a parâmetros tecnológicos e materiais, que, devido à reprodutibilidade não ideal da produção tecnológica de dispositivos semicondutores, têm uma variação bastante grande. Além disso, a presença de dependência da temperatura de parâmetros como o coeficiente de não-idealidade ou a resistência em série da estrutura conduz a uma diminuição significativa da precisão da medição.

A análise do mercado de sensores de temperatura também mostrou que uma nomenclatura significativa entre eles é ocupada por dispositivos de medição e conversão para a faixa de temperatura de -100 a +200 ° C. Para sensores com elementos sensores combinados ou integrados produzidos pela indústria, a faixa de temperaturas medidas é determinada não apenas pelas capacidades do elemento sensor, mas também pela faixa de temperatura, na qual é garantida a operacionalidade da unidade de processamento de informações de medição combinada com o elemento sensor. As melhores amostras estrangeiras de sensores de temperatura integrados de semicondutores [6-15] atualmente podem fornecer medições de temperatura na faixa de 0 ° C a +125 com um erro de ± 2,0 ° C. No entanto, há uma necessidade na ciência e na indústria de monitorar e medir temperaturas mais altas e mais baixas [16, 17]. Assim, por exemplo, no sistema de aquecimento a vapor de áreas urbanas e rurais

exigem medições de temperatura do vapor de água altamente precisas (não inferiores a ±1 °C), da ordem dos (100-150) °C. Nos veículos espaciais e aéreos voadores, pelo contrário, é necessário controlar temperaturas baixas, da ordem dos (-75-10) °C. Dependendo do tipo de objeto em aeronaves voadoras, o número de sensores de temperatura pode chegar a 1000. Por conseguinte, a criação de um sensor integrado barato e fiável para a gama de temperaturas medidas de -65 a +175 ° C, diferente de amostras estrangeiras semelhantes, com caraterísticas operacionais e metrológicas melhoradas e adequado para produção em massa pela indústria eletrónica nacional é um problema científico e técnico urgente.

O mercado global vende atualmente biliões de dólares em sensores de temperatura por ano. E isso é compreensível: uma central nuclear tem cerca de 1500 pontos de medição de temperatura para controlar os processos de automação e segurança, e uma grande empresa da indústria química tem mais de 20 mil desses pontos. A faixa de temperatura de -65 °C a +175 °C praticamente não é dominada para medição por sensores integrados de silício, portanto, neste trabalho como objeto de pesquisa, o sensor de temperatura feito na forma de estrutura de diodo de silício com elemento sensor embutido na base de estruturas p-p é escolhido.

CAPÍTULO 1

. ANÁLISE DO ACTUAL ESTADO DE DESENVOLVIMENTO NO DOMÍNIO DOS SENSORES DE TEMPERATURA

1.1 Métodos e meios de medição da temperatura

A temperatura é uma grandeza física diretamente proporcional à energia cinética média das partículas de matéria (moléculas ou átomos) e que caracteriza o estado de equilíbrio termodinâmico de um sistema macroscópico. Num sistema isolado que não esteja em equilíbrio, com o tempo, a transferência de energia das partes mais aquecidas do sistema para as menos aquecidas leva à equalização da temperatura em todo o sistema [8,9].

Kelvin demonstrou [10] que, se atribuirmos um certo número de graus a qualquer valor da energia cinética média das partículas (o chamado "*ponto de referência*" (como ponto de referência, a 10ª Conferência Geral de Pesos e Medidas, em 1954, adoptou o ponto triplo da água, atribuindo-lhe o valor exato da temperatura 273,16 K por definição), é suficiente construir uma escala linear infinita de temperatura a partir do zero absoluto. A temperatura é a mesma para todas as partes de um sistema isolado em equilíbrio termodinâmico. Se o sistema isolado não estiver em equilíbrio, então, com o tempo, a transferência de energia (transferência de calor) das partes mais aquecidas do sistema para as menos aquecidas conduz à igualização da temperatura em todo o sistema (o primeiro postulado ou o princípio zero da termodinâmica).

A temperatura determina a distribuição das partículas que formam um sistema por níveis de energia (estatística de Boltzmann [10]) e a distribuição das partículas por velocidades (distribuição de Maxwell [10]), o grau de ionização da matéria (fórmula de Saha [10]), a propriedade de equilíbrio da radiação electromagnética dos corpos e a densidade espetral da radiação (lei da radiação de Stefan-Boltzmann), etc. A temperatura incluída como parâmetro na distribuição de Boltzmann é frequentemente chamada de temperatura de excitação, na distribuição de Maxwell - a temperatura de capacitância cinética, na fórmula de Saha - a temperatura de ionização, na lei de Stefan-Boltzmann - a temperatura de radiação. Uma vez que, para um sistema em equilíbrio termodinâmico, todos estes parâmetros são iguais entre si, designam-se simplesmente por temperatura do sistema. Na teoria cinética dos gases, a temperatura é definida quantitativamente de tal forma que a energia cinética média do movimento translacional de uma partícula (possuindo três graus de liberdade) é igual à temperatura [11,12].

[23]onde m, V - massa e velocidade médias das partículas; T - temperatura; k - constante de Boltzmann igual a 1,38-10- J/grau.

$$\frac{mV^2}{2} = \frac{3}{2}kT \quad (1.1)$$

$$T = \frac{mV^2}{3k} \quad (1.2)$$

Em geral, a temperatura é definida como a derivada da energia do corpo como um todo pela sua entropia. Esta temperatura é sempre positiva (porque a energia cinética é positiva), sendo designada por temperatura absoluta ou temperatura na escala termodinâmica de temperatura.

O inventor do primeiro termómetro-termoscópio foi o famoso cientista italiano Galileu Galilei (1597) [13].

A Fig. 1.1 mostra o dispositivo de Galileu: um tubo de vidro estreito 2, introduzido num recipiente com água 3, foi soldado a uma bola de vidro 1. A bola era aquecida nas mãos, a água era baixada pelo tubo e colocada a um certo nível acima da água do recipiente 3. À medida que a bola arrefecia, o ar no tubo era comprimido e o nível da água no tubo subia. Assim, pela posição do nível da água no tubo 2, era possível avaliar qualitativamente a alteração da temperatura do ar no seu interior. Para facilitar a observação, foi fixada no tubo 2 uma escala com divisões desenhadas arbitrariamente.

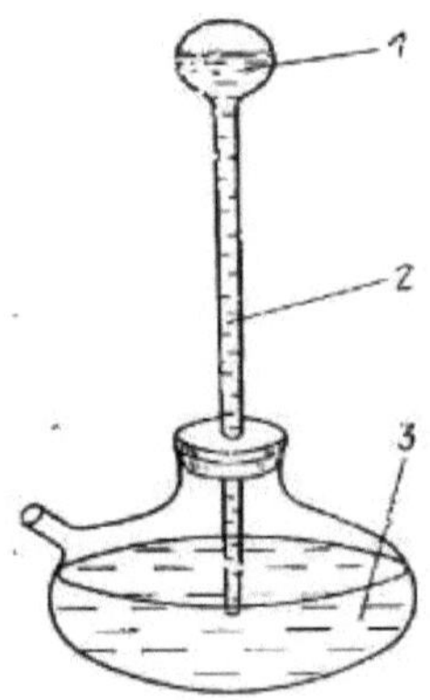

Figura 1.1. O termoscópio de Galileu.

A termometria moderna tem uma variedade de métodos de medição, cada um dos quais é específico e não universal. Os métodos de medição da temperatura dividem-se em métodos de *contacto* (o instrumento de medição está em *contacto* direto com o objeto controlado) e métodos *sem contacto* (convenientes para a medição de temperaturas elevadas). Os mais acessíveis, precisos e fiáveis são os métodos de contacto realizados com a ajuda de *termómetros* [14].

Os termómetros de gás utilizam a relação diretamente proporcional entre a pressão de um gás ideal e a sua temperatura absoluta a volume constante (lei de Charles). São utilizados a baixas pressões e a temperaturas suficientemente elevadas como termómetros de referência, e outros termómetros são calibrados e verificados por eles (Fig. 1.2). A desvantagem dos termómetros de gás é que são volumosos e inconvenientes de utilizar [8,14].

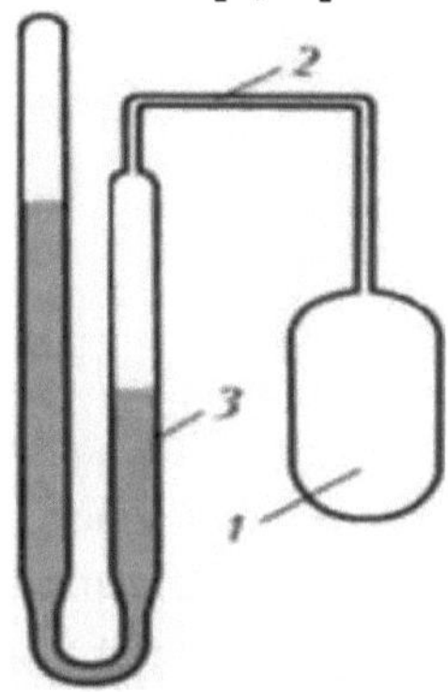

Fig. 1.2. Termómetro de gás: 1 balão (cheio de gás); 2 tubo de acoplamento ; 3 dispositivo de medição da pressão.

Os termómetros de líquidos são fáceis de manusear, mas o seu âmbito de funcionamento está limitado às temperaturas de cristalização e de ebulição dos líquidos [6,14]. Por exemplo, podemos dizer que o termómetro de mercúrio e o termómetro de álcool são conhecidos e amplamente utilizados, o seu princípio de funcionamento baseia-se na resposta do líquido ao efeito da temperatura e baseia-se na alteração do volume do líquido com a alteração da temperatura (quando o líquido é aquecido, expande-se e a coluna de álcool sobe, e quando a temperatura desce, desce). Em medicina, o termómetro de base é o termómetro de mercúrio, que, no entanto, tem uma desvantagem evidente. Tendo em conta a decisão da Conferência de Minamata, realizada no Japão sob os auspícios das Nações Unidas, de proibir a utilização de termómetros de mercúrio para fins civis a partir de 2021, existe um incentivo adicional para a utilização de termómetros sem mercúrio (Fig. 1.3). A este respeito, são promissores os sensores de temperatura e termómetros semicondutores sem mercúrio, que, além disso, podem ser convenientemente integrados em vários dispositivos microtécnicos de dimensões miniaturizadas [7].

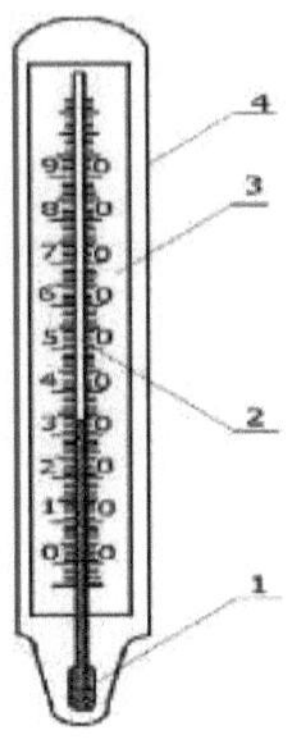

Figura 1.3. Termómetro de líquido em vidro.

1-tanque, 2-capilar, 3-escala, 4-concha protetora de vidro.

Um termopar é formado, como é sabido, pela ligação de dois condutores dissimilares (Fig. 1.4), cujas extremidades são soldadas de modo a formar uma esfera [8]. O princípio de funcionamento de um termopar baseia-se no efeito Seebeck, quando num circuito elétrico constituído por condutores diferentes, ocorre um campo eletromagnético térmico se as zonas de contacto estiverem a temperaturas diferentes[17,18].

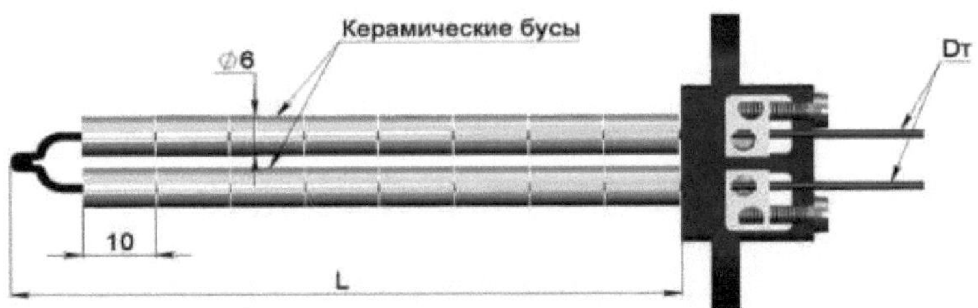

Figura 1.4: Um termopar convencional.

Sensores termorresistivos, que se baseiam na alteração da resistência de um condutor quando a sua temperatura muda (Fig. 1.5). Os termómetros de resistência feitos de metais podem medir a temperatura numa vasta gama, por exemplo, uma espiral de fio feita de platina permite medições de -258°C a 900°C. As suas vantagens são a miniaturização, a boa linearidade das caraterísticas e a elevada estabilidade. As desvantagens incluem a baixa sensibilidade (a resistência dos metais aumenta com a

aumento de temperatura a uma taxa de 0,4-0,6 % /K) e inércia relativamente grande [8,19].

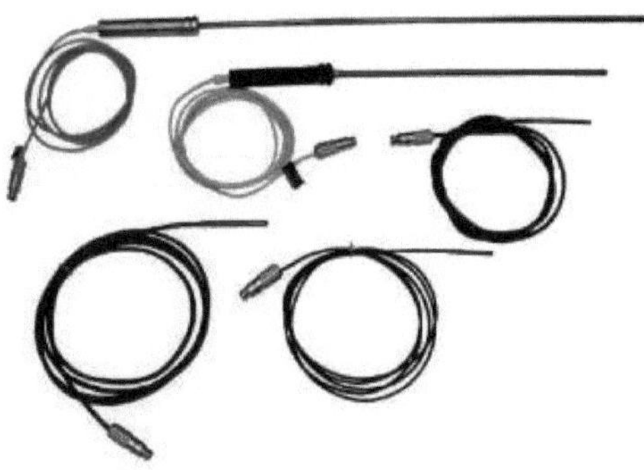

Fig. 1.5 Termómetro de resistência.

Os sensores de semicondutores funcionam com base no princípio da alteração das caraterísticas da junção p-n sob a influência da temperatura [14]. Em particular, o comportamento WAC na polarização direta da junção p-n permite que a junção p-n seja utilizada como termómetro semicondutor [20]. Assim, os díodos e os transístores podem ser utilizados para medir a temperatura (Fig.1.6). As vantagens desta solução são o baixo custo e a linearidade das caraterísticas ao longo de toda a gama de medição [21].

Figura 1.6. Sensor de temperatura com semicondutor.

Nos sensores acústicos de temperatura, o princípio de funcionamento é a diferente velocidade do som no meio a diferentes temperaturas [22]. Conhecendo os dados iniciais, é possível calcular as variações de temperatura através da velocidade da onda sonora que viaja na substância (Fig. 1.7). Este é um método sem contacto que permite medir a temperatura em cavidades fechadas, bem como em ambientes inacessíveis para medição direta.

medições. Estes sensores são utilizados na medicina e na indústria - onde é impossível penetrar na substância a medir [23].

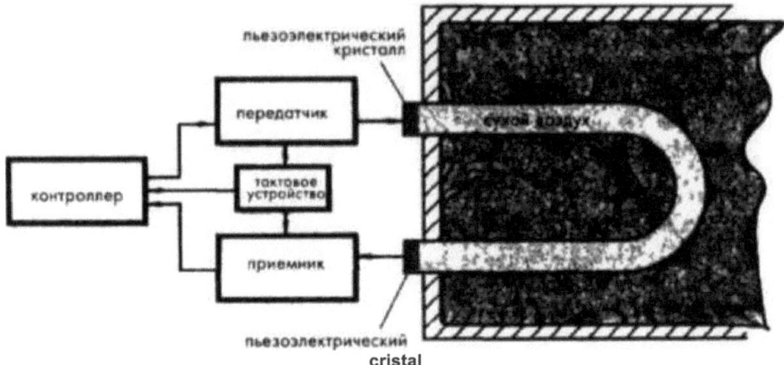

Fig.1.7 Termómetro acústico com detetor de ultra-sons.

O tipo de sensores de temperatura sem contacto (Pirómetros) lê a radiação que provém de corpos aquecidos [23,24]. Este tipo de dispositivos permite medir a temperatura à distância, sem se aproximar do meio onde são efectuadas as medições (Fig. 1.8). Isto permite trabalhar com grandes temperaturas e objectos altamente aquecidos sem uma proximidade perigosa. Todos os pirómetros, de acordo com o seu princípio de funcionamento, dividem-se em interferométricos, fluorescentes e sensores baseados em soluções que mudam de cor consoante a temperatura [25,26].

Caraterísticas principais do pirómetro DT-8818H:

- gama de medição -50 a +550 °C
- Rácio ótico de 16:1
- resolução de 0,1 °C
- exatidão ±5°C (-50 a -20), ±1,5% (-20 a 199), ±2,0% (200 a 550)
- designador laser integrado
- gama espetral 8,14 µm
- ajustamento do fator de emissão de 0,1 para 1

Os sensores piezoeléctricos de temperatura funcionam utilizando um piezoresonador de quartzo. Toda a essência do funcionamento está no efeito piezoelétrico direto, ou seja, na alteração das dimensões lineares do elemento piezoelétrico sob a influência da corrente eléctrica [27]. Com a alimentação alternada de diferentes fases 11

O piezoresonador oscila a uma determinada frequência, e a frequência da sua oscilação depende da temperatura. Conhecendo esta relação, é fácil converter a frequência de oscilação do ressoador em temperatura. Devido à vasta gama de medições e à elevada precisão, estes sensores são utilizados principalmente em investigação e experiências em que são necessárias uma elevada fiabilidade e durabilidade [28].

Cada tipo de termómetro pode ser utilizado num *intervalo de* temperatura específico e tem as suas próprias *vantagens* e *desvantagens.*

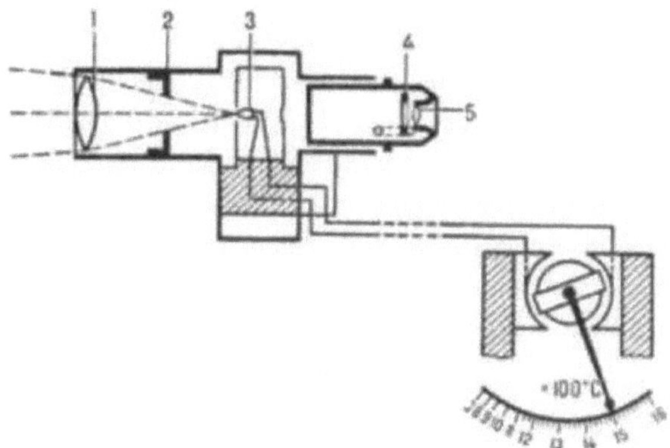

Fig.1.8 Pirómetro de radiação total: 1-lente; 2-diafragma; 3-recetor de radiação (transdutor); 4-ocular; 5-filtro de luz.

1.2 Escalas de temperatura.

Na escala Celsius, a temperatura do ponto triplo da água é aproximadamente 0,008 C [10,12] e, portanto, o ponto de congelação da água a uma pressão de 1 atm. é muito próximo de 0 C. O ponto de ebulição da água, originalmente escolhido por Celsius como um segundo ponto de referência com um valor por definição igual a 100 C, perdeu o seu estatuto como um dos pontos de referência. De acordo com estimativas modernas, o ponto de ebulição da água à pressão atmosférica normal na escala termodinâmica de Celsius é de cerca de 99,975 C. A escala Celsius é muito conveniente de um ponto de vista prático, uma vez que a água e os seus estados são comuns e essenciais à vida na Terra. O zero nesta escala é um ponto especial para a meteorologia porque está associado ao congelamento da água atmosférica. A escala foi proposta por Anders Celsius em 1742.

Escala Fahrenheit. [10,29] Em Inglaterra e especialmente nos Estados Unidos, é utilizada a escala Fahrenheit. Zero graus Celsius é 32 graus Fahrenheit e 100 graus Celsius é 212 graus Fahrenheit. A definição atual da escala Fahrenheit é a seguinte: é uma escala de temperatura com 1 grau (1 F) igual a 1/180 da diferença entre o ponto de ebulição da água e o ponto de fusão do gelo à pressão atmosférica, e o ponto de fusão do gelo tem uma temperatura de +32°F. A temperatura na escala Fahrenheit está relacionada com a temperatura na escala

Celsius (t °C) pela relação t °C = 5/9 (t °F - 32),

$$t^{o}F = 9/5 * t^{o}C + 32 \quad (1.3)$$

Proposto por G. Fahrenheit em 1724.
Em física, a mais utilizada é a escala termodinâmica (absoluta) de temperatura (escala Kelvin), baseada no segundo princípio da termodinâmica. $_{TP}$Tem um ponto de referência - o ponto triplo da água [10,29], ao qual é atribuído o valor T = $273{,}16K$. As temperaturas na escala Kelvin são contadas a partir do zero absoluto, no qual não existe qualquer movimento térmico das moléculas. A escala Kelvin tornou-se a base do padrão internacional da termometria moderna. $_{TP}$As vantagens da escala são a independência das propriedades da substância termométrica e a elevada exatidão da reprodução do ponto triplo T . Relações entre as temperaturas expressas na escala Celsius e na escala termodinâmica absoluta:

$$T = t^{o}C + 273{,}15K \quad (1.4)$$

1.3 Sensores de temperatura que utilizam estruturas de díodos e transístores como elementos sensores.

1.3.1. Sensores de temperatura de díodos.

A utilização de estruturas de díodos de silício como transdutores primários de temperatura permite melhorar significativamente a linearidade da caraterística de temperatura do sensor de temperatura semicondutor em *comparação* com uma resistência de silício. Com efeito, se uma corrente constante I_{np} passar através do díodo no *sentido* da corrente de avanço, a sua relação com a tensão de avanço U_{np} na junção *p-n* do díodo é dada pela equação conhecida [30]:

$$I_{np} = I_{o\delta p} * (e^{\left(\frac{q * U_{np}}{kT}\right)} - 1) \quad (1.5)$$

$_{o\delta p}$em que *k* é a constante de Boltzmann, *q* é a carga do eletrão, *T* é a temperatura em Kelvin, *I* é a corrente inversa através da junção p-n.
Do mesmo modo :

$$U_{np} \cong \left(\frac{kT}{q}\right) * \ln\left(\frac{I_{np}}{I_{o\delta p}}\right) \quad (1.6)$$

$_{O\delta P}$O parâmetro que determina a dependência da temperatura da tensão na junção p-n do díodo na equação (1.6) é a corrente I . $_{npnp}$ $(TKH = \frac{dU_{np}}{dT}) \approx$ 1,5мВ/° C
Com base na teoria geral da junção p-n, mostra-se que, numa gama limitada de

temperaturas (para díodos de silício de -50°C a +120°C), a queda de tensão direta U depende linearmente da temperatura, com um coeficiente de temperatura que depende do tipo de díodo e da densidade de corrente junção. Além disso, à medida que a corrente direta através da junção p-n aumenta, *o TKH* diminui e, à medida que a corrente I_P diminui, a faixa de temperatura na qual *o TKH* pode ser considerado constante diminui devido à influência da corrente *Ъbr.* Portanto, quando os diodos são usados como elementos sensores em sensores de temperatura integrados, os esforços dos desenvolvedores foram direcionados para reduzir a influência da corrente reversa I_{O6P} na dependência da temperatura da tensão U_{np} e melhorar as caraterísticas operacionais dos sensores. No entanto, o mais promissor, do ponto de vista da utilização de elementos sensores de díodos como transdutores primários e da produção em massa de sensores de temperatura integrados de semicondutores, foram os transístores de junção p-n [30, 31]. „Duas correntes alternadamente *diferentes*, Inpi e 1 p2, no sentido da frente em relação à junção p-n da base do emissor, passam através do transístor V na inclusão do díodo (Fig. 1.9), como mostra a Fig. 1.10, e é assegurado um elevado nível de injeção para estas correntes, ou seja, Inpi e 1 p2 no sentido da frente em relação à junção p-n da base do emissor. $I_{np}2 > I_{np}1 >> I_{обр}$ и $U_{np}1 >> kT/q$, como mostra a Fig. 1.11. Neste caso (Fig. 1.9), a equação (1.6) pode ser reescrita para duas correntes (I_{npi} e I_{np2}) e para duas temperaturas (T1 T2) da seguinte forma:

$$U_{np1} = (\frac{kT_1}{q}) * \ln(\frac{I_{np1}}{I_{обр}}) \quad (1.7)$$

Assim, à corrente através do díodo $I_П = I_{Пp2}$ e à temperatura $T = T_i$, a equação (1.6)

$$U_{np2} = (\frac{kT_2}{q}) * \ln(\frac{I_{np2}}{I_{обр}}) \quad (1.8)$$

será reescrito como:

Uma mudança na corrente direta através do diodo do valor de I_{npi} para o valor de $I_{Пp2}$ fará com que a tensão através do diodo (Fig. 1.9) mude em uma quantidade:

$$\Delta U_{\text{пр}.T1} = U_{\text{пр}2} - U_{\text{пр}1} = (\frac{kT_1}{q}) * \ln(\frac{I_{\text{пр}2}}{I_{\text{обр}}}) \quad (1.9)$$

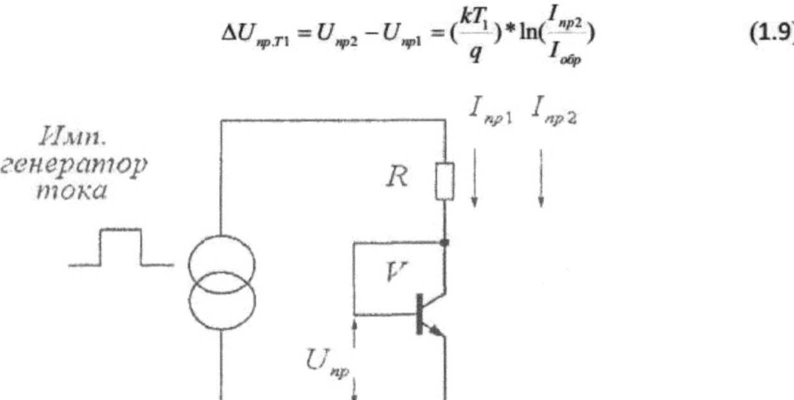

Figura 1.9. Transístor *V* na inclusão de um díodo como transístor de deteção elementos.

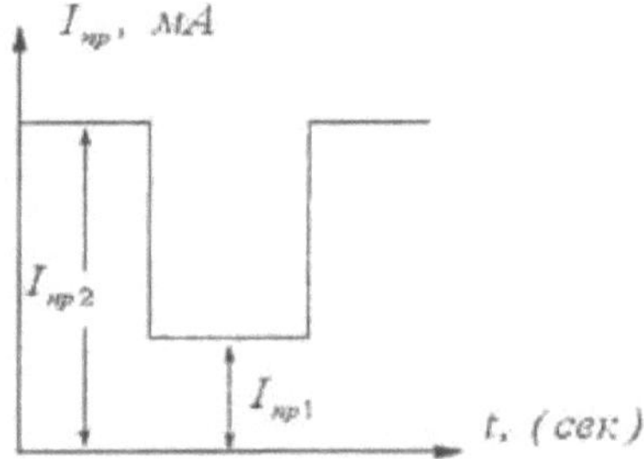

Fig. 1.10. Diagrama das correntes *I∏p1* e *I∏>2* que fluem através do díodo emissor-base.

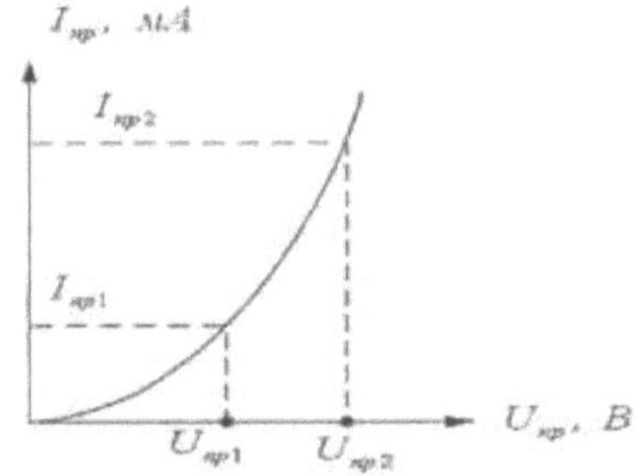

nFig. 1.11. Caraterística de Voltampere do díodo e valores de tensão correspondentes às correntes diretas I p1 e ⅛p2 que passam pelo díodo.

$$\Delta U_{\text{пр}.T2} = U_{\text{пр}2} - U_{\text{пр}1} = (\frac{kT_2}{q}) * \ln(\frac{I_{\text{пр}2}}{I_{\text{пр}1}}) \quad (1.10)$$

Se subtrairmos a equação (1.8) da equação (1.10), obtemos [40]:

$$\Delta U_{np} = U_{npT2} - U_{npT1} = (T_2 - T_1)\frac{k}{q} * \ln(\frac{I_{np2}}{I_{o6p}}) \quad (1.11)$$

A equação (1.11) difere da equação (1.6) na medida em que não contém um parâmetro do díodo como I_{o6p} e que o aumento da queda de tensão direta através do díodo é diretamente proporcional à variação da temperatura ambiente.

O modo elétrico pulsado pode ser facilmente substituído pelo modo elétrico de corrente constante [31], e a tensão $\Delta\ U_{np}$ é considerada como a diferença entre as bases dos díodos (Fig. 1.12).

Para o circuito (Fig. 1.12), a equação (1.12) pode ser reescrita da seguinte forma:

$$\Delta U_{np.} = (T_2 - T_1)\frac{k}{q} * \ln(\frac{R_1}{R_2}) \quad (1.12)$$

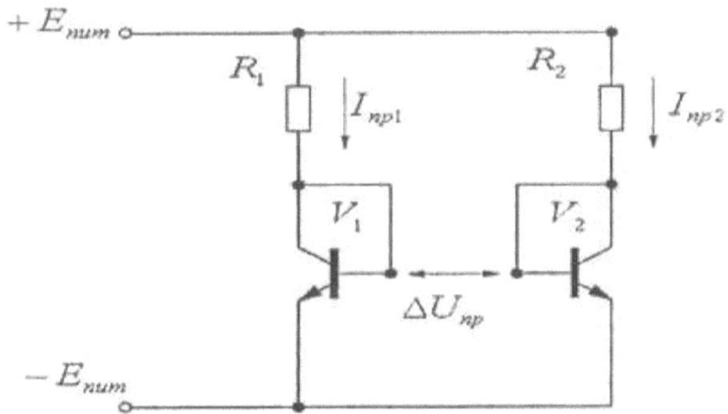

Fig. 1.12. Esquema de um elemento sensível à temperatura em dois transístores idênticos em ligação de díodos.

Outra opção para assegurar uma permutabilidade aceitável do elemento de díodo sensível à temperatura é utilizar uma estrutura de transístor multiemissor no circuito em vez do transístor *Vl* [44,45]. Então:

$$\Delta U_{np} = (T_2 - T_1)\frac{k}{q} * \ln(\frac{j_{np2}S_{э2}}{j_{np1}S_{э1}}) = (T_2 - T_1)\frac{k}{q} * \ln(\frac{j_{np2}}{j_{np1}}) \quad (1.13)$$

S₃l⁼S͟э͟2͟)͟>͟j͟n͟p͟l͟ onde Sal e S,2 são as áreas das junções p-n do emissor dos transístores V1 e V2, respetivamente (uma vez que os transístores *são os* mesmos no esquema da Fig. 1.11, então e J_{np2} *são a* densidade de corrente no emissor dos transístores V1 e V2, respetivamente.

A estrutura do transístor N-emissor e a equação (1.14) podem ser representadas:

$$\Delta U_{np} = (T_2 - T_1)\frac{k}{q} * \ln(\frac{S_{э2}}{S_{э1}}) = (T_2 - T_1)\frac{k}{q} * \ln(n) \qquad 1.14)$$

O diagrama do circuito é apresentado na Fig. 1.13.

Dado que, como se mostra no documento, a sensibilidade à temperatura do transdutor primário (Fig. 1.13) é da ordem de 0,2 mV/grau no valor ótimo de n = 10 B da equação (1.14), é desejável fabricá-lo e utilizá-lo juntamente com o dispositivo de amplificação V3. O quadro 1.1 apresenta os parâmetros dos sensores integrados do tipo STP-35.

Quadro. 1.1

Precisão a 25°C, DT, °C	Gama de temperaturas, °C	Corrente, mA	Sensibilidade, mV/grau	Tempo de resposta t, seg
STP-35A ±3	-40...+125	0,4...5	10	13
STP-35B ±2	-40...+125	0,4... 5	10	13
STP-35C±1	-40...+125	0,4...5	10	13

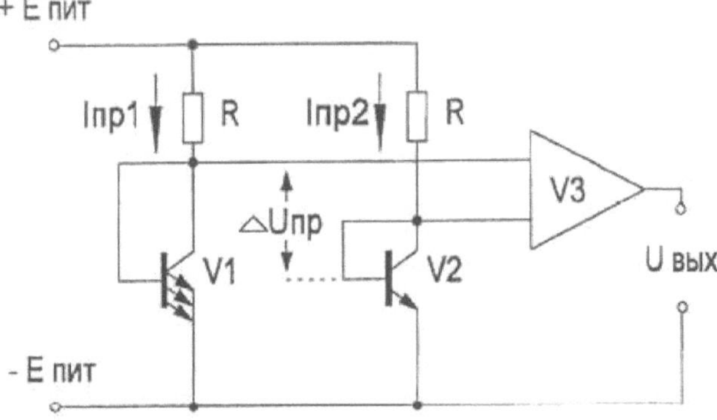

Fig. 1.13. Esquema de um elemento sensível à temperatura com uma estrutura de transístor multi-emissor.

Os sensores de temperatura, como o LM3911, LM50, LM60, estão disponíveis comercialmente na National Semiconductor.

O princípio de funcionamento do sensor de temperatura LM3911 é semelhante ao de um sensor de temperatura
STP-35 (Fig. 1.14).

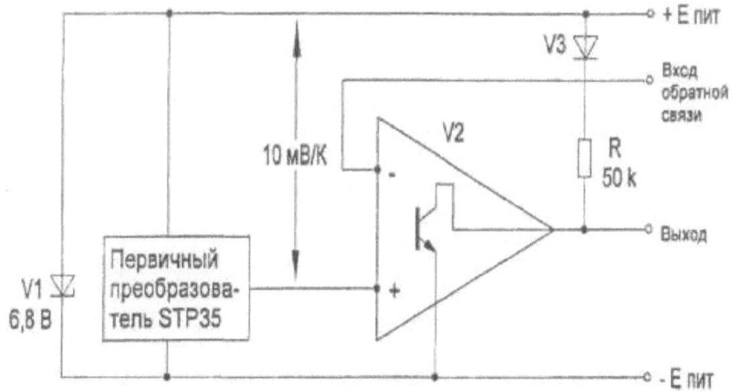

Fig. 1.14. Diagrama de estrutura e ligações internas do sensor de temperatura LM3911.

Quando o sensor LM3911 é ligado de acordo com o circuito apresentado na Fig. 1.15, pode ser utilizado como um sensor de temperatura com graduação na escala Celsius.

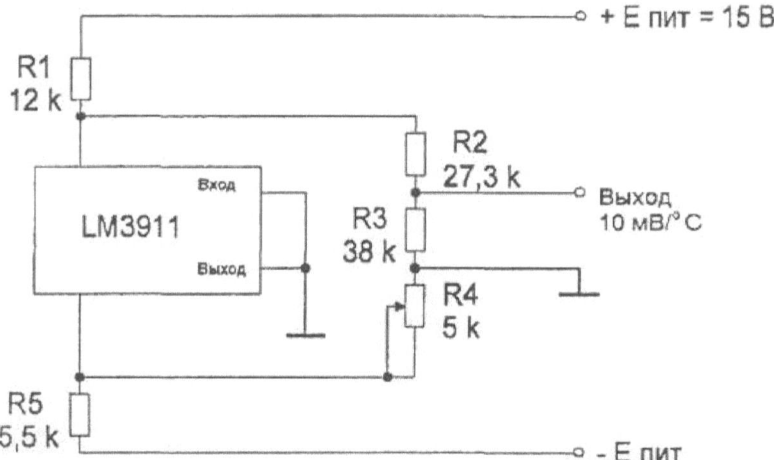

Fig. 1.15. Diagrama do circuito do sensor LM3911 com uma saída graduada de 10 mV/°C,

A Fig. 1.16 mostra um diagrama esquemático simplificado do sensor LM60 com as ligações internas dos elementos primários do transdutor.

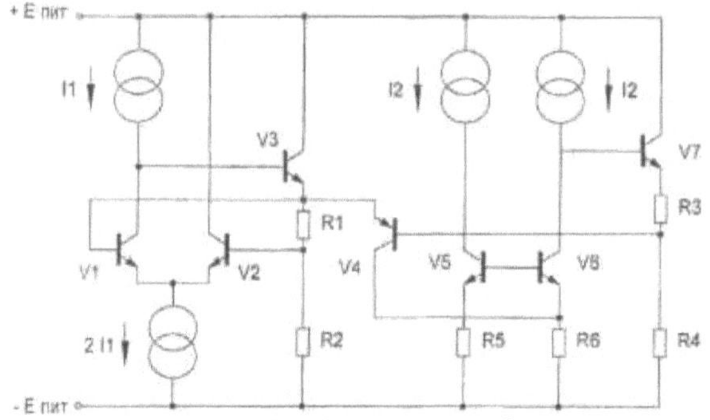

Fig. 1.16. Circuito simplificado do sensor de temperatura LM60

A Fig. 1.17 mostra as caraterísticas de temperatura dos sensores

Temperaturas LM50 e LM60.

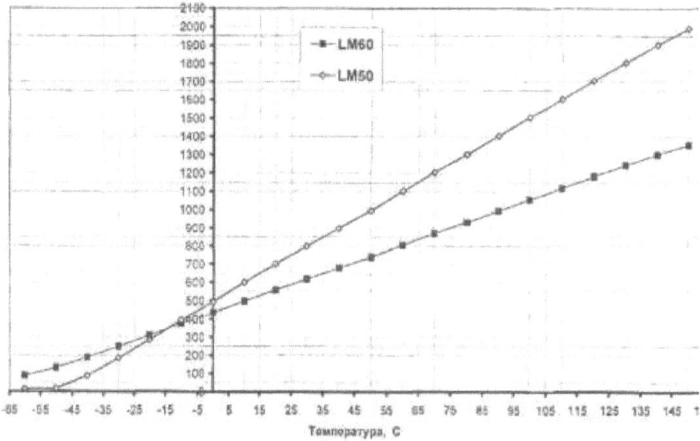

Figura 1.17: Dependência típica do UBUXO∂ LM60 e LM50 com a temperatura a 10 V.

A Dallas Semiconductor (MAXIM) produz sensores de temperatura integrados baseados no conversor primário (Fig. 1.13), tais como DS18S20, DS18S20, DS18B20, DS1821, DS1822, DS1825 [53, 54], etc., com uma saída digital, que é fornecida por um conversor analógico-digital incorporado no circuito semicondutor (em vez do amplificador V3 mostrado na Fig. 1.13). O erro absoluto de conversão do sensor DS18S20 na faixa de temperaturas controladas de -10 °C a +85 °C não excede ± 0,5 °C e na faixa de -55 °C a +100 °C - não mais que ± 2 °C. O uso da tecnologia digital em sensores permite reduzir drasticamente seu consumo de energia, o que oferece a possibilidade de alimentar esses sensores a partir de um dispositivo que converte a energia das induções elétricas na linha 1-Wire no consumo de energia necessário para os sensores. Ao mesmo tempo, a introdução do processamento digital da informação de medição em sensores de temperatura integrados causa sérias limitações metrológicas e operacionais. Por exemplo, a gama de temperaturas medidas (-55°C+125°C) e a gama de tensões de alimentação (3,0 V -^-5,5 V) são limitadas pelas capacidades dos circuitos digitais utilizados no sensor. Os resultados da investigação mostram que, utilizando o transdutor primário mostrado na Fig. 1.12 e circuitos de medição analógicos, é possível efetuar medições de temperatura na gama de -55 ° C a +155 ° C com um erro de cerca de ±5 ° C com uma alteração na tensão de alimentação de 5 V para 50 V. A Fig. 1.17 mostra as caraterísticas de temperatura dos sensores LM50 e LM60 disponíveis no mercado com saída analógica, que permitem utilizar uma tensão de alimentação de 3 V a 10 V.

1.3.2 Sensor de temperatura de transístor.

Além disso, propõe-se considerar o desenvolvimento nacional (ao nível da prototipagem) de um sensor de temperatura integrado com transístor com saída analógica (Fig. 1.18).

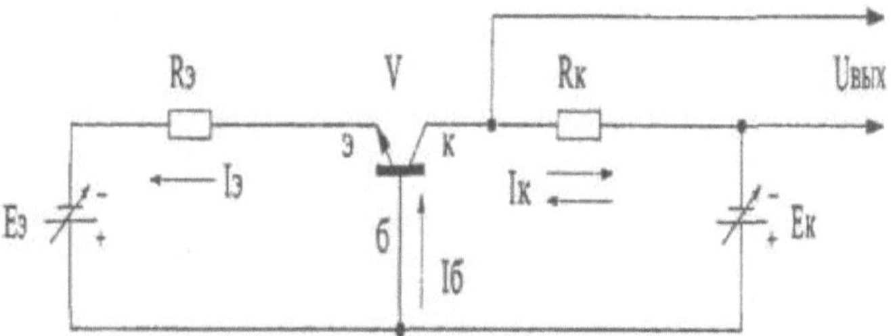

Fig. 1.18. Diagrama esquemático da inclusão de um transístor como conversor de temperatura num sinal elétrico.

É conveniente considerar o funcionamento do circuito transdutor térmico do transístor (Fig. 1.18) juntamente com as caraterísticas voltampere de saída do transístor, incluídas no esquema com uma base comum (Fig. 1.19).

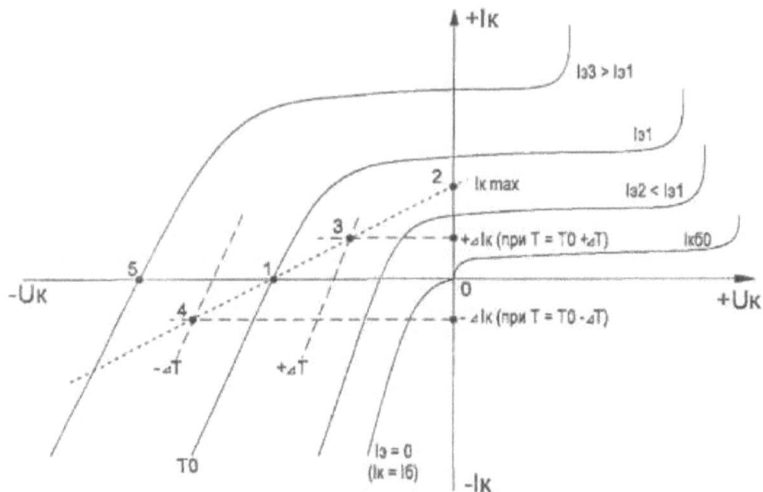

Fig. 1.19. Vista geral da caraterística voltampere de saída de um transístor p-p-p ligado num circuito de base comum.

Note-se que a região de funcionamento deste conversor térmico ocorre apenas quando o transístor é ligado pelo esquema com uma base comum. A Fig. 1.19 mostra a família de caraterísticas voltamétricas de saída do transístor n-p-n, incluído no circuito com base comum, a diferentes valores de corrente I_e. A $I_E = 0$ (rutura do circuito emissor), a corrente de coletor é a corrente inicial inversa da junção coletor-base - I_{KBO}, que não depende da tensão de coletor até ao momento da rutura da junção coletor-base. Quando a polaridade da tensão na junção coletor-base é invertida (neste caso, de positiva para negativa), obtemos a caraterística voltampere da junção p-n (díodo) coletor-base com polarização direta. Neste caso, $I_K = I_B$. Fixando certos valores da corrente de emissor (I_{e1}, I_{e2}, I_{ez}), obtemos uma família de caraterísticas voltamétricas de saída (Fig. 1.19). Na região ativa de funcionamento do transístor ($U_K > 0$), as caraterísticas voltamétricas localizam-se (Fig. 1.19) paralelamente umas às outras e o seu declive e distância entre elas não depende do valor de U_K (até à tensão de rutura da junção coletor-base), nem da temperatura na gama de temperaturas de funcionamento (como decorre da expressão óbvia $I_K = I_{KBO} + Iya$. Como I_E não depende da temperatura, $I_{KBO} << I_e$, e o coeficiente de força do transístor num circuito de base comum $\alpha \approx 1$). Portanto, esta região de operação do transistor não é de interesse no projeto de conversores térmicos transistorizados. Outro caso é a região da Fig. 1.19, caracterizada por valores negativos de U_K, ou a região de funcionamento do transístor com junções p-n diretamente polarizadas emissor-base e coletor-base. Assumindo, no caso geral, que as correntes de emissor e de coletor são constituídas por duas componentes (injectada e colectada), para a família de caraterísticas voltamétricas de saída do transístor, incluído no circuito com base comum, podemos escrever a expressão:

$$I_K = \alpha * I_Э - I_{KБO} * (e^{\frac{qU_K}{kT}} - 1) \qquad (1.15)$$

$_Э$Considere na Fig. 1.19 a caraterística voltampere com parâmetro *1* , obtida, assim como todas as caraterísticas de saída, à temperatura ambiente T_o. O ponto *I* da caraterística é determinado pelo valor zero da corrente do coletor, ou seja, I_K= *0.* $_K$Então, a partir da equação (1.15), podemos determinar o valor de U_K no qual *I* = *0,* a saber:

$$U_K = \frac{kT}{q} * \ln(\frac{\alpha I_{Э1}}{I_{KБO}} + 1) \qquad (1.16)$$

O valor de U_K, como se depreende da equação (1.16), depende do valor da corrente I_E e pode ser determinado experimentalmente. Se no circuito (Fig. 1.18) criarmos as condições $I_K = 0$, interrompendo o circuito do coletor e $I_e = I_{e1}$, então o circuito fornece a relação $I_{e1} = I_B$, e no terminal do coletor cria um potencial f_k, igual em magnitude a U_K . O valor aproximado do potencial f_k pode ser determinado utilizando um voltímetro com uma entrada de alta impedância. Para criar a condição $I_K = 0$, no esquema da Fig. 1.18, com $1e = I_{e1}$ pode ser de outra forma, não recorrendo a uma interrupção no circuito de coletor, mas fornecendo a partir da fonte de coletor UMA tensão E_K no coletor igual em magnitude ao potencial f_k, ou seja, se $E = f_k$, então $IK = O$. Experimentalmente, esta condição é facilmente controlada medindo a tensão através da resistência RK, que deve ser zero, ou seja, $U_{BHX} = 0$ e $I_K = I_B$. Os resultados da medição da tensão da fonte E_K neste caso e o cálculo de U_K usando a equação (1.16) mostram que a relação $E_K = f_k$ = U_K em *IK=O É* cumprida com a precisão necessária para a aplicação desta equação na criação de conversores térmicos com transístores. No ponto 1 (Fig. 1.19), onde a condição $I_K = 0$ *e* $I_{e1} = I_B$ é satisfeita, a junção p-n emissor-base funciona como um díodo diretamente polarizado e isolado do coletor.

Sabe-se [31] que a tensão do díodo a corrente contínua constante varia com a temperatura de acordo com a equação (1.16). Quando a temperatura ambiente é fixada $T_{okr} = T_o - \Delta T$, ou seja, quando a temperatura diminui de ΔT, obtemos um desvio da caraterística para a esquerda, como mostra a Fig. 1.19 pela linha tracejada à esquerda do ponto 1, pelo valor $\Delta U_K = (TKH) \cdot \Delta T$. Um deslocamento semelhante da caraterística, mas para a direita do ponto 1, como mostrado na Fig. 1.19 pela linha tracejada, ocorrerá se a temperatura ambiente for aumentada em ΔT, ou seja, definir $T_{okr} = T_o + \Delta T$. A linha de carga traçada através do ponto 1 de acordo com o valor da resistência RK intersecta as linhas tracejadas discutidas acima nos pontos 4 e 3. Neste caso, o valor da tensão de saída U_{BHX} no circuito (Fig. 1.18) terá um valor de acordo com a Fig. 1.19, respetivamente:

$$U_{BblX} = -\Delta I_K * R_K \qquad (1.17)$$

И

$$U_{BblX3} = \Delta I_K * R_K$$

'Se a condição ⅛1>> ± ΔI_K for satisfeita, pode considerar-se que o TKH no coletor é um valor constante e que $U_{BHX} = \Delta I_K \cdot R_K \approx (\Gamma KH)'\Delta\ \Gamma$, na gama de variação da corrente do coletor de $-\Delta I_K$ a $+\Delta I_K$. Para a temperatura inicial do meio T_0 pode ser definido para qualquer valor dentro da gama de temperaturas de funcionamento, incluindo 0°C. A Fig. 1.20 mostra o carácter de variação da corrente de coletor I_K em relação à temperatura ambiente a $T_0 = 0°C$ e em relação à resistência de carga R_K para um transístor de silício, ligado de acordo com o esquema da Fig. 1.18.

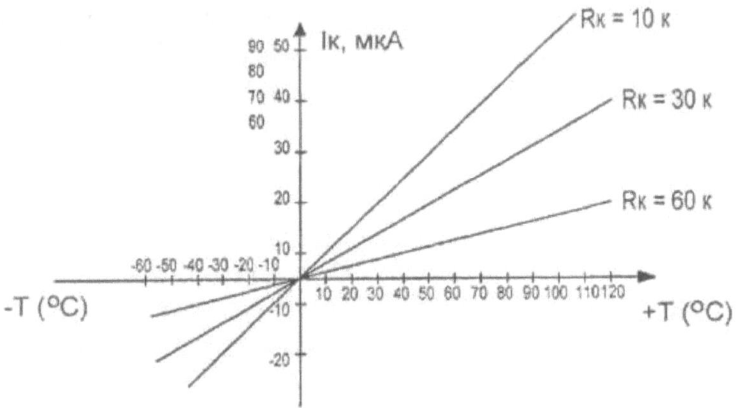

Fig. 1.20. Dependência da corrente de coletor 1% da temperatura ambiente e da resistência de carga R_K para o transdutor térmico com transístor.

Fig. 1.20. Dependência da corrente de coletor I_K da temperatura ambiente e da resistência de carga R_K para o transdutor térmico de transístor. Tendo em conta que a alteração da tensão de saída dos sensores de temperatura integrados, construídos com a utilização de resistências de silício e díodos como conversores térmicos, é de natureza idêntica, então, comparando os gráficos da dependência das tensões de saída com a temperatura com os gráficos da Fig. 1.20, podemos tirar as seguintes conclusões sobre o funcionamento do conversor térmico de transístor:

Para uma dada corrente de emissor, sob a condição $I_e >> I_k$, o coeficiente de temperatura da corrente de coletor é praticamente constante numa gama de temperaturas mais ampla, de -50°C a +150°C, em comparação com os conversores térmicos de díodos, e tem um valor elevado, cerca de (1 -2) μA/°C, devido aos pequenos valores da corrente de coletor, o que permite utilizar o conversor térmico de transístor sem dispositivos de amplificação adicionais.

No modo de corrente contínua, é possível ajustar suavemente o valor da corrente do coletor dentro de limites amplos (incluindo o valor zero), alterando a tensão EK, QUE desloca a junção do coletor na direção da frente. Neste caso, o coeficiente de temperatura permanece inalterado, a caraterística de temperatura do termopar do transístor (linha reta) tem valores positivos e negativos de corrente de coletor, correspondendo a valores positivos e negativos das temperaturas medidas. Esta escala de termómetro absoluto não é fornecida nos sensores de temperatura termorresistivos e de díodos.

A dependência do coeficiente de temperatura da corrente do coletor em relação ao valor da resistência RK, QUE não depende da temperatura, permite ajustar a sensibilidade do transdutor térmico do transístor independentemente do material e da tecnologia do seu fabrico, ao contrário dos seus análogos semicondutores.

Assim, este documento considera os conversores térmicos de semicondutores mais promissores e os métodos de criação de sensores de temperatura integrados de semicondutores com base neles. No entanto, deve notar-se que, apesar da contribuição significativa da indústria nacional para o desenvolvimento de conversores térmicos de semicondutores, os sensores de temperatura integrados são dominados em série e dominados apenas por empresas estrangeiras.

1.4 Métodos de medição da temperatura com sensores de díodos.

Método 1. A relação *U* e / considerada permite-nos determinar diretamente a temperatura absoluta *T* através da medição da caraterística voltampere de um díodo semicondutor. Das relações (1.5), (1.6) segue-se:

$$I - I_{нас} = I_o * \exp(-\frac{\varepsilon_g}{kT} + \frac{eU}{kT}) \qquad (1.18)$$

Normalmente, nas junções p-n, a corrente direta pode ser muitas ordens de grandeza superior à corrente de saturação *Inas* (por exemplo, em díodos de silício de baixa potência *Inas ~ 10-9 A, I ~ K) A)*. Nesse caso, na parte esquerda da relação (1.5), podemos negligenciar *Inas*. Então *lnI* será uma função linear da tensão U:

$$\ln I = \ln I_o + (-\frac{\varepsilon_g}{kT} + \frac{eU}{kT}) \qquad (1.19)$$

Tendo traçado o gráfico experimental da dependência *lnI = f(U)* para corrente contínua, podemos encontrar o coeficiente de inclinação angular do gráfico

$$M = \frac{d \ln I}{dU} = \frac{e}{kT} \qquad (1.20)$$

a partir do qual se determina a temperatura *T*:

$$T = \frac{e}{kM} \quad (1.21)$$

Este método é um dos poucos que permite medir a temperatura absoluta sem graduação prévia do termómetro, mas não é aplicado na prática devido à sua natureza trabalhosa.

Método 2. As medições de temperatura podem ser efectuadas utilizando uma junção p-n no modo de corrente contínua em comutação direta. Da fórmula (1.5), na mesma aproximação $I >> I_{nas}$, segue-se que, para $I = const$, a tensão do díodo U é uma função linear da temperatura T e pode ser um parâmetro termométrico conveniente:

$$U = \frac{kT}{e} * \ln\frac{I}{I_o} + \frac{\varepsilon_g}{e} = AT + B \quad (1.22)$$

em que as constantes A e B não dependem da temperatura.

A constante A *é* negativa porque a resistência do semicondutor diminui com o aumento da temperatura e, por conseguinte, a uma corrente constante, a tensão através da amostra também diminui. Uma vez que o valor de I_o e ε_g não são conhecidos antecipadamente, os coeficientes A e B devem ser determinados empiricamente aquando da calibração do sensor e podem então ser utilizados para medir a temperatura. A constante B também permite encontrar ε_g, a largura da banda proibida do semicondutor. Os díodos de silício ou de germânio são normalmente utilizados como sensores de temperatura em termómetros de semicondutores.

CAPÍTULO 2

TECNOLOGIAS DE FABRICO DE SENSORES DE TEMPERATURA DE TRÊS ELÉCTRODOS

2.1 Parâmetros tecnológicos de fabrico dos sensores de temperatura de três eléctrodos

Atualmente, os termómetros electrónicos utilizam termodíodos, termotransistores, resistências e termossensores integrados para a medição da temperatura. Entre outras coisas, o Usbequistão está a trabalhar no desenvolvimento de sensores de temperatura sob a forma de termoresistências de silício com área de base compensada: utilizando a tecnologia de difusão por dopagem com impurezas de metais de transição (manganês, níquel, etc.) e por dopagem de silício por radiação térmica. Além disso, com base em circuitos integrados de transístores complementares constituídos por várias dezenas de transístores, foram propostos vários sensores térmicos capazes de monitorizar a temperatura de vários objectos [21].

Uma desvantagem comum dos sensores de semicondutores conhecidos é a sua baixa precisão na medição da temperatura. A precisão da medição da temperatura em sensores de semicondutores é determinada por uma combinação de muitos factores, a maioria dos quais é consequência da forte dependência da sensibilidade à temperatura destas estruturas em relação a parâmetros tecnológicos e materiais, que, devido à reprodutibilidade não ideal da produção tecnológica de dispositivos semicondutores, têm uma variação bastante grande. Além disso, a presença de dependência da temperatura de parâmetros como o coeficiente de não-idealidade ou a resistência em série da estrutura conduz a uma diminuição significativa da precisão da medição.

Para criar um sensor de temperatura sem estas desvantagens, propomos uma nova estrutura e conceção do sensor de temperatura, que é uma estrutura de silício de três eléctrodos com uma região de base empobrecida.

Podemos ver um estudo da sensibilidade térmica de estruturas de silício com área de base depletada, que utiliza a tensão de depleção total da área de base (U_o) como parâmetro de medição.

O tipo de relações analíticas que ligam os parâmetros estruturais e estáticos é determinado pela natureza da distribuição das impurezas na região da base.

Sabe-se da literatura [2,3,21] que em estruturas semelhantes à estrutura do termossensor proposto, ou seja, a estrutura do tipo p^+-p-p, a distribuição da concentração de impurezas na região da base é parabólica.

A parábola é simétrica, com o máximo localizado no meio da base. Contudo, nestes trabalhos, as estruturas do tipo p^+-p-p consideradas tinham uma espessura de base bastante grande, 5÷10 μm, enquanto no sensor térmico proposto a espessura da base é aproximadamente uma ordem de grandeza inferior.

Tentámos encontrar computacionalmente as distribuições da concentração de impurezas na base do sensor de temperatura proposto.

Para este efeito, o processo tecnológico para a formação do sensor de temperatura proposto foi dissecado passo a passo.

A). Estudo da distribuição da concentração de impurezas em estrutura epitaxial-planar do tipo p-n sob modos específicos de fabricação da estrutura.

A difusão durante o crescimento de camadas auto-epitaxiais na fronteira substrato-camada epitaxial foi calculada utilizando a Eq:

$$N(x,t) = \frac{N_{10}}{2}\left(1 - erf\frac{x}{2\sqrt{Dt}}\right) + \frac{N_{20}}{2}\left(1 + erf\frac{x}{2\sqrt{D_2 t}}\right), \qquad (2.1)$$

em que $N(x, t)$ é a distribuição finita das impurezas.

${}_{10}N$ - concentração inicial de impureza na camada, no caso de ser homogénea.

${}_{20}N$ - concentração inicial de impureza no substrato.

Para os casos: a) em que uma película epitaxial de baixa resistividade é cultivada num substrato de alta resistividade;

b) Quando uma película epitaxial de elevada resistividade é cultivada num substrato de baixa resistividade.

Cálculos deste tipo e a construção da concentração de impurezas estão disponíveis na literatura. De interesse é o caso em que a resistividade do substrato e da camada são da mesma ordem. Tais cálculos não são encontrados na literatura, e o sensor de temperatura proposto tem exatamente uma tal estrutura de camada epitaxial e substrato.

Efectuámos cálculos para $_{RPODL} \leq {}_{REP} \leq 2\ _{P\ POD.}$ onde $_{REP}$ é a resistividade da película epitaxial, $_{pPODL}$ é a resistividade do substrato.

Para o cálculo, foram utilizados modos específicos de fabrico da estrutura epitaxial-planar do tipo p-n. ^{0}Uma camada epitaxial do tipo n com resistividade $_{rEP}$ =/0,6 ÷ 0,9/ohm.cm foi cultivada num substrato de silício do tipo p com $_{RPODL}$ =0,5 ohm^cm. a T=1250 C; t = 5 min.

Б). Alteração da distribuição de impurezas junto à interface camada epitaxial-substrato após tratamento térmico.

O processo tecnológico de fabrico do sensor térmico proposto consiste numa série de operações em que a estrutura "camada-substrato epitaxial" é submetida a um tratamento térmico. Estas operações são as seguintes:

a) oxidação

б) a primeira difusão da separação do boro. A difusão é efectuada em duas fases, ou seja, primeiro a condução do boro e depois a destilação.

O processo de oxidação também é efectuado durante a destilação.

B) A segunda difusão de boro é efectuada para obter a camada limite superior de p+.
A difusão também é efectuada em duas fases /difusão, destilação/.
O modo de destilação é escolhido de forma diferente consoante a espessura da camada epitaxial
(c) Difusão do fósforo para obter n+ nas zonas de contacto. A difusão é efectuada em duas fases /difusão, destilação/.
Para obter a distribuição final no canal após todas as operações tecnológicas, é necessário ter em conta todos os processos de difusão e oxidação.
B). Distribuição da concentração de impurezas na estrutura planar epitaxial da junção p-n. A localização da junção p-n "superior" formada na camada epitaxial pela segunda difusão de boro é determinada pelo modo dessa difusão. No nosso caso, é utilizado um processo de difusão em duas etapas.
Inicialmente, é efectuada uma difusão de curta duração, descrita pela Eq:

$$N(x,t) = N_o\left(1 - erf\frac{x}{2\sqrt{Dt}}\right), \qquad (2.4)$$

$_o$em que N é a concentração superficial da impureza.
A camada fina obtida na primeira fase serve como fonte limitada para a segunda fase. Se na superfície existir uma fonte limitada com concentração de impurezas por unidade de superfície S, a solução tem a forma:

$$N(x,t) = \frac{S}{\sqrt{\pi_1 Dt}} e^{-\frac{x^2}{4Dt}}, \qquad (2.5)$$

No entanto, a camada obtida na primeira fase de difusão pode ser considerada como uma fonte limitada para a segunda fase, desde que a magnitude do produto Dt para a segunda fase de difusão/difusão/ seja significativamente maior do que para a primeira fase de difusão/difusão/.
[2]Neste caso, o valor S é o número total de efluentes impuros por 1cm e introduzidos na 1ª fase /pens/.

$$S = \int_0^\infty N(x)dx = \int_0^\infty N_o\left(1 - erf\frac{x}{2\sqrt{Dt}}\right)dx = \frac{2N_o}{\sqrt{x}}\sqrt{Dt} \qquad (2.6)$$

Após a substituição, obtém-se

$$N(x,t) = \frac{2N_o}{\pi}\sqrt{\frac{Dt}{D't'}}e^{-\frac{x^2}{4Dt}} \qquad (2.7)$$

em que $D't'$ - se refere à segunda fase de difusão /difusão/.
A diferença entre D e D' é causada pela realização destas duas fases de difusão a temperaturas diferentes. Se a duração da segunda fase for curta em comparação com a da primeira fase, são incorrectas as suposições de que a camada de

difusão formada em resultado do confinamento pode ser considerada como uma fonte limitada.
A solução neste caso é da forma:

$$N(x,t,t') = N_o \frac{2}{\sqrt{\pi}} \int_{\sqrt{\beta}}^{\infty} e^{-m^2} erf(\alpha m) dm \qquad (2.8)$$

Onde

$$\alpha = \sqrt{\frac{Dt}{D't'}} \qquad \beta = \frac{x^2}{4(Dt + D't')} \qquad (2.9)$$

Na literatura, existe uma solução para este integral para diferentes valores de *a* e ß.
No nosso caso, a duração da dispersão não é muito maior do que a duração do curral $t' \geq 2t$.
121Nomeadamente (a) t5 = 50 min; *Dt* = 2,1*10^ ◦ *cm; D ' t '* = 12*10^ ◦ *cm*^{2}
1,12b) t5=14°min; *Dt* = 2,1*10^ ◦ *cm; D ' t '* = 33,6*1°^ *cm*^{2}
utilizando a solução existente, obtém-se a distribuição do boro por difusão na camada epitaxial. *N* (*x*)
oA Tabela 2.1 resume estes dados para duas concentrações superficiais diferentes - *N* /A superfície *x* da camada epitaxial é tomada como ponto de partida/.
+Utilizando os dados das Tabelas 2.1 e 2.2, é possível obter a distribuição da concentração de impurezas na estrutura planar epitaxial p -n-p. A Fig.2.12.2 mostra essas distribuições para diferentes camadas epitaxiais e sob diferentes modos de difusão.
2*N* = *n* são as concentrações resultantes na Fig.
N1- concentração de impureza de boro na camada epitaxial pro difundida como resultado da segunda difusão.
N é a concentração total de impurezas na estrutura p-n-p.

Distribuição da concentração de impurezas de boro na camada epitaxial (após a segunda difusão de boro).

Tabela 2.1.

Não cm^{-3}	t5 MUH	ß	a	x mícron	AT. -3 N cm^3
2*10^{19}	50	0.564*10 8	0,41	0,5	5,6*10^{18}
				1,0	1,4*10^{18}
				1,5	1,28*10^{17}
				1,68	4,6*10^{16}
				1,99	5,4*10^{19}
				2,25	6,98*10^{14}

				2,49	$7,44*10^{13}$
				0,51	$1,4*10^{19}$
				1,0	$3,6*10^{18}$
				1,5	$3,2*10^{17}$
5,1019	50	0.564*10 8	0,41	1,68	$1,15*10^{17}$
				1,99	$1,35*10^{16}$
				2,25	$1,64*10^{15}$
				2,49	$1,86*10^{14}$
				0,55	$4,52*10^{18}$
				1,0	$2,8*10^{18}$
				1,5	$9,6*10^{17}$
$2,10^{19}$	140	1.43*10 8	0,25	2,07	$2,54*10^{17}$
				2,38	$9,2*10^{16}$
				2,69	$3,4*10^{16}$
				3,16	$3,84*10^{15}$
				0,5	$1,13*10^{19}$
				1,0	$7*10^{18}$
				1,5	$2,4*10^{18}$
$5*10^{19}$	140	2x 1.43*10 8	0,25	2,07	$6,35*10^{17}$
				2,38	$2,3*10^{17}$
				2,69	$8,5*10^{16}$
				3,16	$9,6*10^{15}$

Analisando as figuras 2.1. -2.2, podemos tirar as seguintes conclusões:

1. A distribuição da concentração de impurezas nas regiões /"camada p superior"/ e /base/, /"camada p inferior"/ não é homogénea.
2. Na região da base, a distribuição da impureza resultante tem a forma de uma parábola assimétrica com um máximo localizado mais perto da transição "superior".
3. A posição do máximo da parábola muda ligeiramente no dependendo da resistividade da camada epitaxial e do modo da segunda difusão /ver Tabela 2.2/.

Dependência da posição do máximo da parábola com a resistividade da camada epitaxial e o modo da 2ª difusão de boro.

Tabela 2.2.

$^{B}E, C,$ /om.cm./	N.◦ $1/cm^3$	t5 /min	*x mfll*
0,6	w2* i9	50	0,38 W_{jt}
0,6	w5* i9	50	0,49 W_{jt}

0,6	$2*10^{19}$	140	0,45 W_{jt}
0,7	$2*10^{19}$	50	0,3 w_{if}
0,7	$5*10^{19}$	50	0,39 W_{if}
0,7	$2*10^{19}$	140	0,4 W_{if}
0,8	$2*10^{19}$	50	0,25 W_{if}
0,8	$2*10^{19}$	140	0,29 W_{jt}
0,9	$2*10^{19}$	50	0,23 W_{if}
0,9	$2*10^{19}$	140	0,31 w_{jt}

No quadro 2.2: $_{N.o}$- concentração superficial da impureza de boro no 2.o

difusão.

t - tempo de dispersão do boro /2 difusão do boro/.

[a]τn é a posição do máximo da parábola.

$_{ii}$W - largura da parábola /base/.

[+]Assim, os nossos cálculos mostram que, para a estrutura p -n-p específica por nós considerada, que corresponde ao sensor térmico proposto, a distribuição de impurezas na região n pode ser considerada parabólica, mas a parábola é assimétrica, com o máximo deslocado para a camada p "superior".

[15-3]Para o estudo, foram fabricados 2 tipos de estruturas de silício p-n (cristais sensores de temperatura), que consistem numa camada epitaxial dopada com fósforo do tipo n com uma concentração de portadores de 5-10 cm a uma espessura de 3.[16-3]2±0,2 μm nas amostras do tipo I e 2,3±0,2 μm nas amostras do tipo II, que é cultivada num substrato de silício do tipo p orientado no plano (100) e dopado com boro, com uma concentração de portadores de 3-10 cm e uma espessura de 230±20 μm. [18-3]Numa parte da superfície da camada epitaxial de tipo n, foi formada, por difusão de boro, uma região adicional de tipo p+ fortemente dopada, com uma concentração de portadores de 3-10 cm e uma espessura de 2,0±0,2 μm nas amostras de tipo I e de 1,2±0,2 μm nas amostras de tipo II, que é tecnologicamente curto-circuitada com o substrato de tipo p através de regiões de difusão de tipo p+, formadas ao longo do bordo da estrutura. O comprimento da região do tipo p+ era de 2,5 μm nas amostras do tipo I e de 2,0 μm nas amostras do tipo II. Além disso, duas regiões do tipo n fortemente dopadas com espessuras de 2,5 ± 0,2 μm em amostras do tipo I e 1,8 ± 0,2 μm em amostras do tipo II foram formadas por difusão de fósforo. Os contactos com estas regiões foram formados por pulverização catódica de uma camada de Al, com 0,5±0,2 μm de espessura. A distância entre estas regiões n-rnim era de 20 μm nas amostras de tipo I e de 14 μm nas amostras de tipo II.

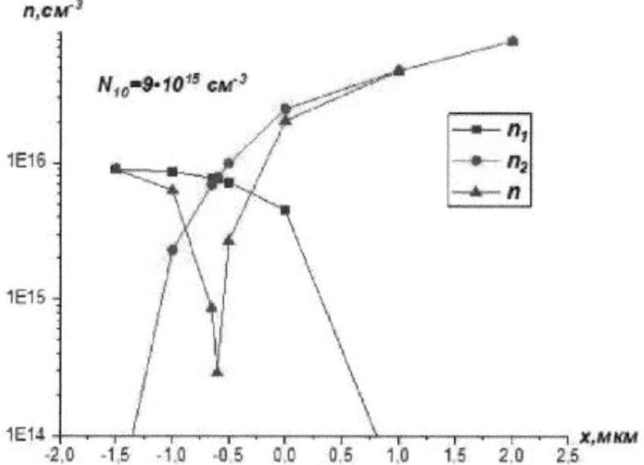

Fig.2.1 Perfil de distribuição de impurezas na camada epitaxial sobre o substrato.

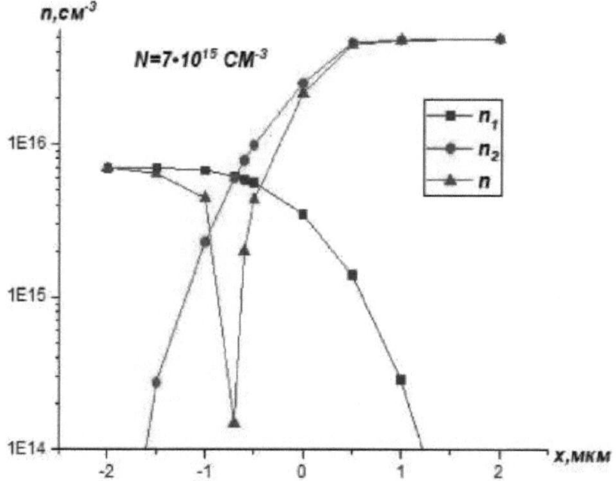

Fig.2.2 Perfil de distribuição de impurezas na camada epitaxial sobre o substrato.

++Como resultado, duas junções retificadoras, uma com uma junção n-p e outra com uma junção p-n, são formadas na estrutura acabada mostrada na Fig. 2.3, que são conectadas em paralelo, uma vez que a região do tipo p está em curto-circuito com a região do tipo p. -222-4+4Com um tamanho total de cristal de 0,46X0,46·10 cm nas amostras do tipo I e 0,5X0,5·10^ cm2 nas amostras do tipo II, a área ativa da junção p-n em ambas as amostras foi de - 2,36- 10 cm2 e a junção p-p também em ambas as amostras foi de - 0,2·10^ cm2.

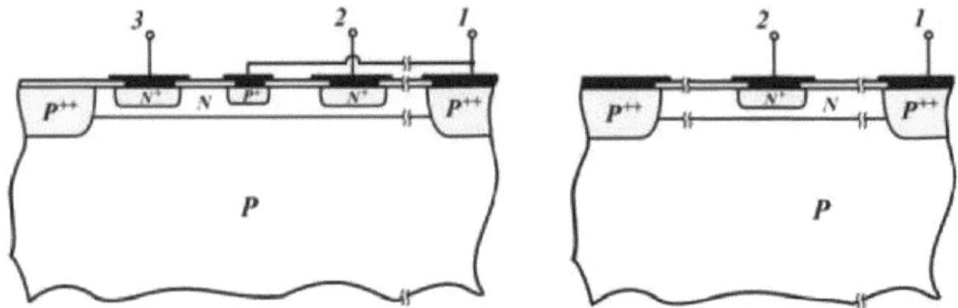

Fig. 2.3. Diagrama estrutural da estrutura de silício de três eléctrodos investigada.

Para facilitar o estudo, estas estruturas foram montadas em caixas de vidro metálico do tipo KT-1-12 (30 peças do tipo I e 30 peças do tipo II), além disso, foram também produzidas versões sem casco (20 peças).

amostras de tipo I), Fig.2.4.

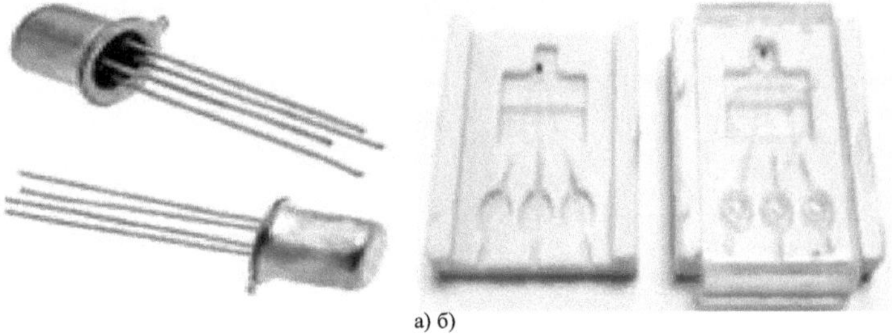

a) б)

Fig. 2.4. Amostras no tipo de caixa a KT-1-12 (a) e sem caixa (b)

2.2 Caraterísticas Volt-farad dos sensores térmicos e relação com os parâmetros estruturais.

Considerando a relação entre os parâmetros estruturais e estáticos dos sensores térmicos, notamos o papel essencial das caraterísticas volt-farad. $_{3n33c3}$Neste parágrafo, vamos considerar a metodologia para determinar a espessura e o comprimento da base do dispositivo usando as caraterísticas volt-farad $C = f(U)$ e $C = f(U)$, ou seja, a partir das caraterísticas de entrada e saída. A capacitância específica de uma junção p pode ser representada como a capacitância de um concentrador em que a distância entre as placas é igual à espessura da camada de carga espacial h, e a constante dieléctrica do espaço entre as placas é ε, ou seja

$$C = \frac{\varepsilon}{h} \qquad (2.9)$$

A capacitância específica da junção p-p nesta representação não depende claramente da natureza da distribuição de carga na base - p(y) e da queda de tensão na camada de carga espacial, mas como o valor de h é uma função de $p(h)$

e U, a capacitância específica-função da coordenada/ uma vez que a espessura da camada de carga espacial varia na direção do contacto 1 para o contacto 2/. A capacitância da junção p e o curso da caraterística volt-farad são determinados tanto pela lei de distribuição das impurezas no canal como pela tensão externa aplicada entre os contactos. As capacitâncias entre os pinos 1-3 de c_{13} e os pinos 2-3 de c_{23} dependem da tensão através do pino 3 no valor inicial (Fig.2.5) de tensão fixa / $U_c < U_o$ /. Para tensões inferiores à tensão de depleção, estas capacitâncias são praticamente iguais entre si.

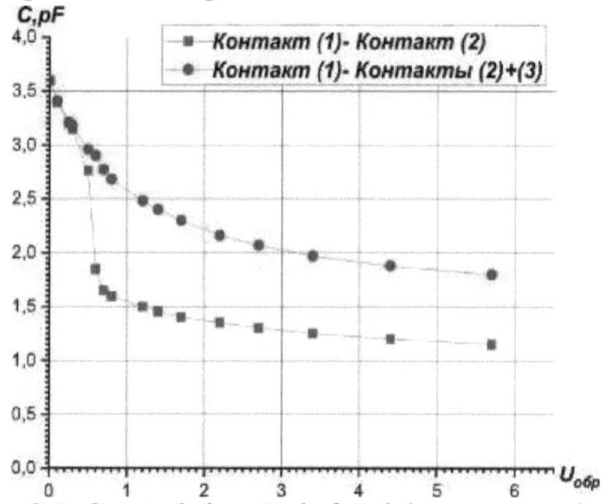

Figura 2.5. Caraterísticas Volt-farad das amostras de tipo I

Quando a depleção é atingida, há uma mudança brusca nas capacitâncias e, em tensões superiores à tensão de depleção, c_{13} e c_{23} são marcadamente diferentes entre si. Este padrão de mudança nos valores de c_{13} e c_{23} pode ser explicado da seguinte forma: fora da região de depleção, ambas as capacitâncias são determinadas pela área total da junção p, quando a tensão de depleção é atingida, a região de carga espacial cobre a região da base e corta a partir do pino 2. Nestas condições, as capacitâncias de c_{13} e c_{23} são determinadas apenas pela parte da área que confina diretamente com as regiões de contacto 1 e 2 e, como estas partes não são as mesmas, as capacitâncias de c_{13} e c_{23} são diferentes. Por conseguinte, o valor da "quebra" na caraterística volt-farad (Fig. 2.6), correspondente à tensão de depleção da região da base, pode ser utilizado para determinar a espessura da base.

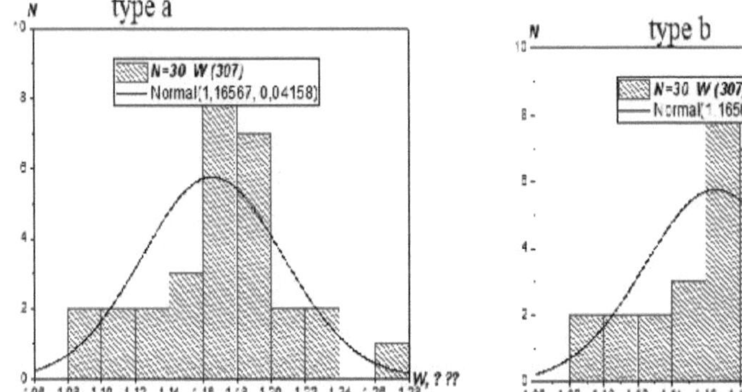

Fig. 2.6. Caraterísticas Volt-farad em diferentes modos de ligação (a), histograma da distribuição da densidade básica dos sensores de temperatura de silício do tipo I (b) e do tipo II (c).

Há uma série de trabalhos na literatura que derivam expressões analíticas relacionando a capacitância da junção p-l com o potencial da região p. No entanto, esses trabalhos são feitos para uma distribuição uniforme de impurezas na base. Tentámos derivar uma expressão analítica que relaciona a capacitância da junção p-l com o potencial da camada p para o caso de uma distribuição parabólica da impureza resultante no canal /que parece ser a aproximação mais provável para os sensores térmicos propostos/. Simultaneamente, a junção p-l foi considerada como sendo: a) afiada, b) lisa.

As expressões têm a seguinte forma:

$$\text{A)}\ C_{(\upsilon)} = 16\varepsilon \frac{H_k L_k}{W_k} \frac{\left(1+\upsilon^{\frac{1}{2}}\right)^3}{\left(1+2\upsilon^{\frac{1}{2}}\right)^2\left(1-2\upsilon^{\frac{1}{2}}\right)^2}$$

$$\text{Б)}\ C_{(\upsilon)} = \frac{15}{7}\varepsilon \frac{H_k L_k}{W_k} \frac{\left(3-7\upsilon^{\frac{2}{3}}+7\upsilon^{\frac{5}{3}}-3\upsilon^{\frac{7}{3}}\right)\left(1-\upsilon^{\frac{2}{3}}\right)}{\left(2-5\upsilon+3\upsilon^{\frac{5}{2}}\right)^2}$$

$\upsilon = \frac{U_3}{U_o}$ U_3 ,Onde é a tensão da camada p , U é a tensão de depleção.

$_{kk}Hk$ - largura da base; L - comprimento da base; W - espessura da base. No ponto de "rutura" em

$$\upsilon = \frac{U_3}{U_o} = 1$$

As expressões caraterísticas volt-farad são eliminadas:

$$A) C = \frac{16*8}{5*9} \varepsilon \frac{H_k L_k}{W_k}$$

$$Б) \ C = \frac{25}{7} \varepsilon \frac{H_k L_k}{W_k}$$

Capacitância específica da junção p-p

$$A) \frac{C}{H_k L_k} = \frac{16*8}{5*9} \frac{\varepsilon}{W_k}$$

$$Б) \frac{C}{H_k L_k} = \frac{25}{7} \frac{\varepsilon}{W_k}$$

Assim, as expressões a e b podem ser utilizadas para determinar o $_k$espessura da base W.
Este método pode ser utilizado para efetuar uma avaliação comparativa da espessura da base do mesmo tipo de sensor de temperatura.
$_{kk}$Os transístores individuais deste tipo também podem ser diferentes e o comprimento da base L/largura da base H geralmente mantém-se razoavelmente bem e
pode ser considerado constante/. Para calcular o comprimento da base, são necessárias medições adicionais, Figs. 2.7-2.8.

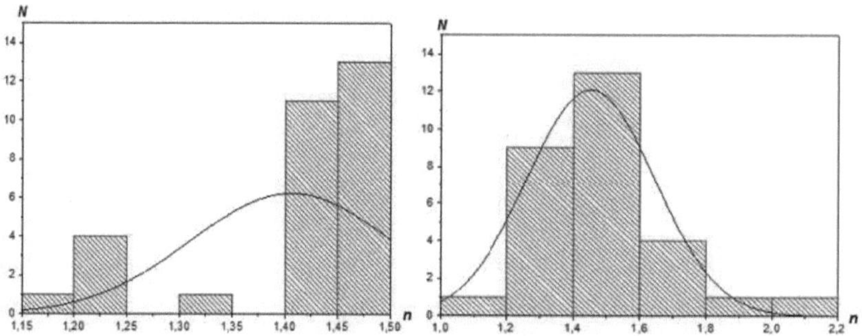

Figura 2.7. Histograma da distribuição do coeficiente de idealidade sensores de temperatura de silício do tipo I (a) e do tipo II (b)

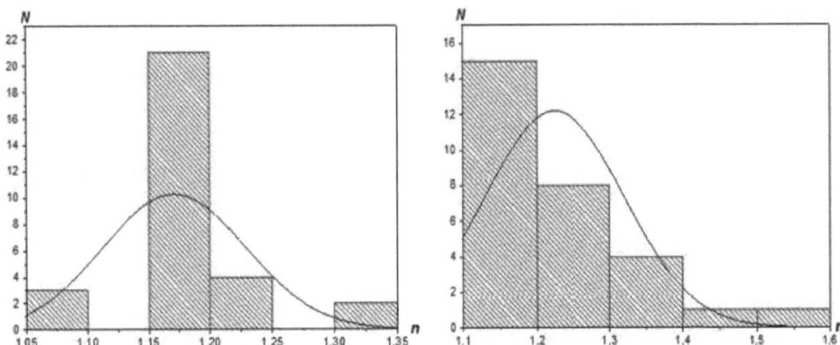

Figura 2.8.
Histograma da distribuição do coeficiente de idealidade dos sensores de temperatura de silício do tipo I (a) e do tipo II (b).

2.3 Avaliar oportunidades para melhorar a precisão do sensor de temperatura.

O presente trabalho foi também dedicado à determinação da dependência da precisão da medição da temperatura por sensores semicondutores da pequena variação tecnológica dos valores do fator de não-idealidade, bem como do fator de estabilização da corrente de polarização.

Como é sabido, a expressão da sensibilidade térmica dos sensores de temperatura de díodos convencionais pode ser derivada utilizando diretamente a seguinte equação de díodos:

$$I = A * J_S * \left(\exp\left(\frac{qV}{nkT}\right) - 1\right) \qquad (2.10)$$

onde A é a área da estrutura, $_{JS}$é a corrente de saturação, n é o coeficiente de não-idealidade, k é o coeficiente de Boltzmann, T é a temperatura, q é a carga do eletrão. $I_S^* = A * J_S * \exp\left(\frac{qV_k}{nkT}\right)$ $V_k >> \frac{nkT}{q}$, No entanto, em contraste com a abordagem tradicional [5], transformámos a equação (2.10) na seguinte equação ao derivar a expressão para a termossensibilidade , introduzindo a notação e tendo em conta :

$$I = I_S^* * \exp\left(-\frac{q(V_k - V)}{nkT}\right), \qquad (2.11)$$

Uma vantagem desta conversão é a independência do *JS* em relação à temperatura, ao contrário do *JS* que tem uma dependência exponencial da temperatura inversa.

A partir da equação (2.11), podemos encontrar diretamente a tensão que passa pelos contactos do díodo:

$$V = V_K - \frac{nkT}{q}\ln\left(\frac{I_S^*}{I}\right), \qquad (2.12)$$

$$V_K = \frac{E_G}{q} - \frac{kT}{q}\ln\left(\frac{N_C N_V}{N_D N_A}\right),$$ ou incluindo o que vai receber:

$$V = \frac{E_G}{q} - \frac{kT}{q}\ln\left(\frac{N_C N_V}{N_D N_A}\right) - \frac{nkT}{q}\ln\left(\frac{I_S^*}{I}\right), \qquad (2.13)$$

Como se pode ver na equação (2.13), a tensão que incide sobre os contactos do díodo é a soma de vários termos e depende não só dos parâmetros materiais da estrutura, mas também tem uma forte dependência do mecanismo de transferência de corrente e das suas alterações com a mudança de temperatura, que, além disso, estão sujeitas à influência de factores externos que levam a uma grande dispersão dos valores de medição.
Em particular, se a corrente de polarização do sensor de temperatura tiver uma dispersão igual a ΔI , então a tensão que cai nos contactos do díodo pode ser escrita da seguinte forma

$$V = \frac{E_G}{q} - \frac{kT}{q}\ln\left(\frac{N_C N_V}{N_D N_A}\right) - \frac{nkT}{q}\ln\left(\frac{I_S^*}{I+\Delta I}\right) = \frac{E_G}{q} - \frac{kT}{q}\ln\left(\frac{N_C N_V}{N_D N_A}\right) - \frac{nkT}{q}\ln\left(\frac{I_S^*}{I}\right) - \frac{nkT}{q}\ln\left(1+\frac{\Delta I}{I}\right) = V\big|_{\Delta I=0} - \frac{nkT}{q}\ln\left(1+\frac{\Delta I}{I}\right) \cong V\big|_{\Delta I=0} - \frac{nkT}{q}\frac{\Delta I}{I} \qquad (2.14)$$

Da mesma forma, é possível deduzir a dependência da tensão que cai sobre os contactos do díodo de uma pequena variação tecnológica dos valores do coeficiente de não-idealidade:

$$V = \frac{E_G}{q} - \frac{kT}{q}\ln\left(\frac{N_C N_V}{N_D N_A}\right) - \frac{(n+\Delta m)kT}{q}\ln\left(\frac{I_S^*}{I}\right) = \frac{E_G}{q} - \frac{kT}{q}\ln\left(\frac{N_C N_V}{N_D N_A}\right) - \frac{nkT}{q}\ln\left(\frac{I_S^*}{I}\right) - \frac{\Delta nkT}{q}\ln\left(\frac{I_S^*}{I}\right) = V\big|_{\Delta I=0} - \frac{\Delta nkT}{q}\ln\left(\frac{I_S^*}{I}\right) \qquad (2.15)$$

Como se pode ver nas Figs. 2.9-2.10, a presença de variação tecnológica de parâmetros como o fator de não-idealidade e o fator de estabilização da corrente de polarização conduz a uma diminuição significativa da precisão da medição. [oo]Em especial, à temperatura ambiente e com uma corrente de polarização de 1 µA, uma variação de 1% da corrente de polarização conduz a um erro de medição de ±0,11 C, enquanto uma variação de 10% conduz a um erro de medição de ±1,08 C.

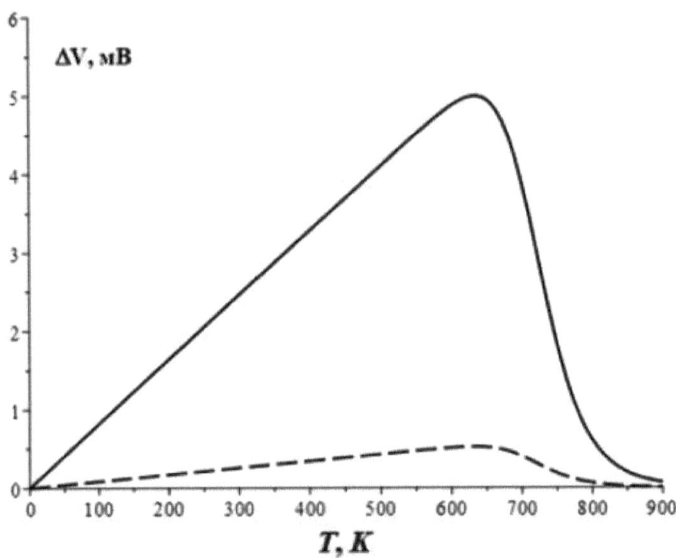

Fig. 2.9. Dependência da variação da tensão incidente nos contactos do díodo em diferentes variações da corrente de polarização: linha sólida -10%, linha tracejada - 1%.

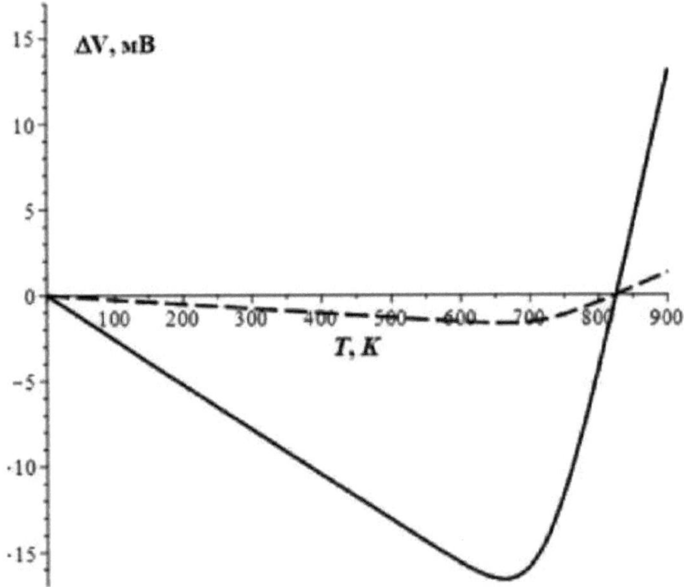

Fig. 2.10. Dependência da variação da tensão incidente nos contactos do díodo em diferentes dispersões do coeficiente de não-idealidade: linha sólida - 10%, linha tracejada - 1%.

CAPÍTULO 3

. PROPRIEDADES ELECTROFÍSICAS DO SENSOR DE TEMPERATURA PROPOSTO

3.1.Investigação das propriedades electrofísicas de amostras laboratoriais de sensores de temperatura

A concentração de portadores de carga e a natureza da sua distribuição ao longo da espessura foram medidas através da medição das caraterísticas volt-farad das estruturas utilizando um medidor de capacitância L2-28. O erro de medição não foi superior a 0,5%. A profundidade da junção n-p+ foi controlada nas estruturas de ensaio através da medição da tensão de aperto das junções n-p+- e p-n e, se necessário, foi efectuada uma dispersão adicional de boro para levar a tensão de aperto das junções ao valor requerido.

Os estudos de temperatura foram realizados com um crióstato especial, no qual foi utilizado azoto líquido como refrigerante, e o regime de temperatura foi definido com um aquecedor montado no suporte da amostra colocado dentro da câmara de medição. ^{oo}A temperatura definida na gama de -180 C a 180 C foi medida por um termopar de cromel-alumel e mantida por um termorregulador 2TRM1. ^{o}O erro de manutenção da temperatura não excedeu 0,1 C. As investigações mostraram (Fig.3.1) que as junções p-n nas amostras são nítidas, e também as amostras têm uma variação muito pequena no grau de dopagem da região de base.

As caraterísticas voltamétricas das amostras de laboratório também foram investigadas e são mostradas na Fig. 3.1.

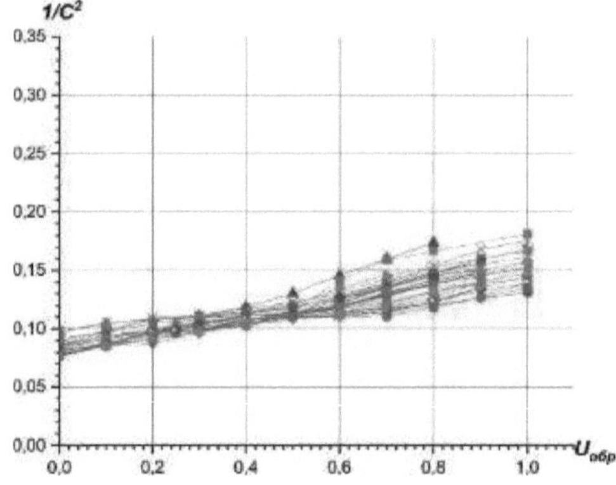

Fig. 3.1a. Caraterísticas Volt-farad das amostras de tipo I.

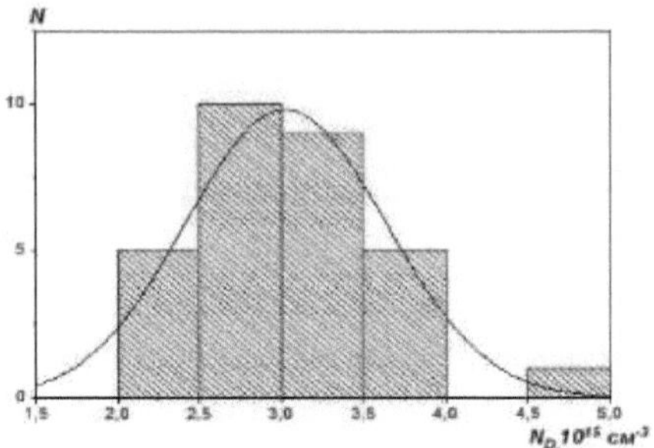

Fig. 3.1a. Histograma da distribuição da concentração de impurezas na base dos sensores de temperatura de silício do tipo I.

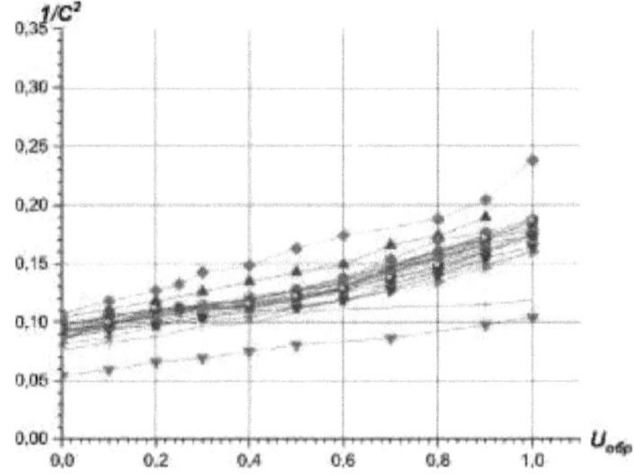

Fig. 3.1b. Caraterísticas Volt-farad das amostras do tipo II.

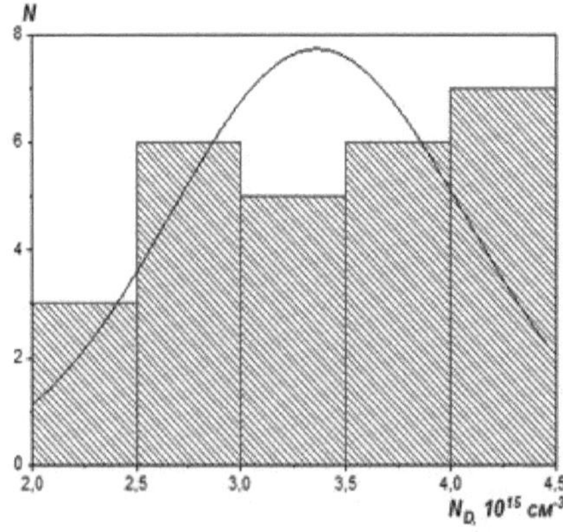

Fig. 3.1b. Histograma da distribuição da concentração de impurezas na base dos sensores de temperatura de silício do tipo II.

3.2. Análise comparativa dos sensores de temperatura propostos com os análogos tradicionais

Foi efectuada uma análise comparativa da sensibilidade térmica do termossensor proposto com a sensibilidade dos termossensores de díodos convencionais.

Como é sabido, a expressão da sensibilidade térmica dos sensores de temperatura de díodos convencionais pode ser derivada utilizando diretamente a seguinte equação de díodos:

$$I = A \cdot J_S \cdot \left(\exp\left(\frac{q(V - IR_S)}{nkT} \right) - 1 \right), \tag{3.1}$$

$_S$em que A é a área da estrutura, J é a corrente de saturação, R_S é a resistência em série, n é o fator de não-idealidade, k é o fator de Boltzmann, T - temperatura, q é a carga do eletrão.

$$I_S^* = A \cdot J_S \cdot \exp\left(\frac{qV_K}{nkT} \right) \quad V_K >> \frac{nkT}{q}$$

No entanto, em contraste com a abordagem tradicional, transformámos a equação (3.1) na seguinte equação ao derivar a expressão para a termossensibilidade, introduzindo a notação considerando :

$$I = I_S^* \cdot \exp\left(-\frac{q(V_K - (V - IR_S))}{nkT} \right), \tag{3.2}$$

$_K$em que V *é a* diferença de potencial de contacto.

Uma das vantagens desta transformação é a independência de J^*_S ,da temperatura, em contraste com J, que tem uma dependência exponencial da temperatura inversa. Além disso, esta transformação, como se verá adiante, permite-nos derivar a expressão da sensibilidade térmica para um sensor de temperatura tradicional numa forma semelhante à expressão obtida para o sensor de temperatura proposto, o que simplifica muito a sua análise comparativa.

A partir da equação (3.2), podemos encontrar diretamente a tensão incidente no $_{GcVDA}$contactos do díodo: onde E é a largura da zona proibida; N , N são as densidades efectivas de estados nas zonas de condução e de valência, respetivamente; N , N são as concentrações de dadores e aceitadores, respetivamente.

$$V = V_K - \frac{nkT}{q} \ln\left(\frac{I_S^*}{I} \right) + I \cdot R_S, \tag{3.3}$$

$$V_K = \frac{E_G}{q} - \frac{kT}{q} \ln\left(\frac{N_C N_V}{N_D N_A} \right),$$

ou incluindo o que vai receber:

$$V = \frac{E_G}{q} + I \cdot R_S - \frac{kT}{q}\ln\left(\frac{N_C N_V}{N_D N_A}\right) - \frac{nkT}{q}\ln\left(\frac{I_S^*}{I}\right), \quad (3.4)$$

Como se pode ver na equação (3.4), a tensão que incide sobre os contactos do díodo é a soma de vários termos e depende não só dos parâmetros materiais da estrutura, mas também tem uma forte dependência do mecanismo de transferência de corrente e das suas alterações com a mudança de temperatura, que, além disso, estão sujeitas à influência de factores externos que levam a uma grande dispersão dos valores de medição (Fig. 3.2a).

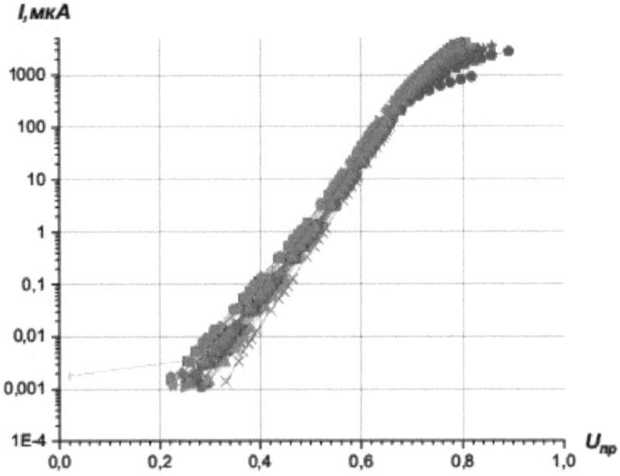

Fig. 3.2a. Caraterísticas volt-ampere das amostras de tipo I.

No sensor de temperatura proposto com depleção da região da base, a tensão de depleção da região da base retirada dos pinos 1 e 3 é utilizada como parâmetro de medição dependente da temperatura, enquanto a tensão externa, que desloca a transição na direção oposta, é aplicada aos pinos 1 e 2. ⁺Resolvendo a equação de Poisson, tendo em conta a presença de duas junções na estrutura (junções p-n- e p -n-), obtém-se a seguinte expressão para a tensão de depleção da área da base:

$$V_0 = \frac{qN_D L^2}{2\varepsilon\varepsilon_0} - V_{K1} - V_{K2} = \frac{qN_D L^2}{2\varepsilon\varepsilon_0} - \frac{2E_G}{q} + \frac{kT}{q}\ln\left(\frac{N_C N_V}{N_D N_{A1}}\right) + \frac{kT}{q}\ln\left(\frac{N_C N_V}{N_D N_{A2}}\right), \quad (3.5)$$

κ 1κ2 1A 2 em que L é o comprimento tecnológico da região da base; V , V é a diferença de potencial de contacto das junções p-n- e p -p da estrutura; $_{NA}$, N são as concentrações de aceitadores nas zonas p- e p - da estrutura, respetivamente.

Como se pode ver na equação (3.5), a tensão de depleção da área de base obtida nos pinos 1 e 3 é também uma soma de vários termos, mas depende apenas dos parâmetros materiais da estrutura e não tem qualquer relação com os parâmetros da fonte de alimentação da estrutura, pelo que as medições não estão sujeitas ao ruído que surge no circuito da fonte de alimentação, sendo assegurada uma elevada reprodutibilidade e exatidão da medição (Fig. 3.2b), ao contrário dos sensores de temperatura de díodos tradicionais (Fig. 3.2a).

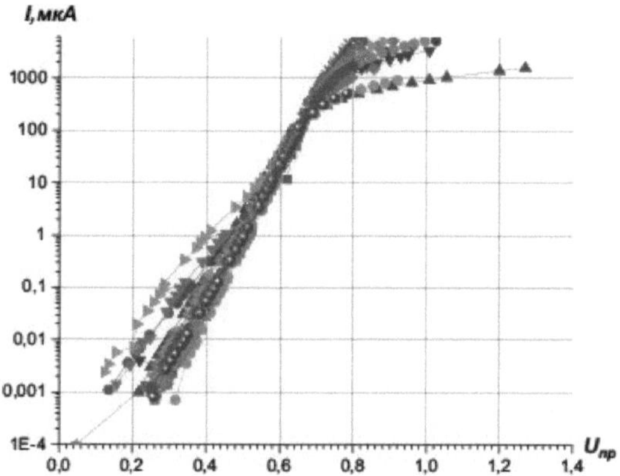

Fig. 3.2b. Caraterísticas volt-ampere das amostras de tipo II.

Além disso, de acordo com a equação (3.5), a termossensibilidade no termossensor com área de base esgotada tem um sinal positivo, ao contrário dos termossensores tradicionais, em que o sinal da termossensibilidade é negativo, o que é confirmado pelos resultados experimentais apresentados na Fig. 3.2.

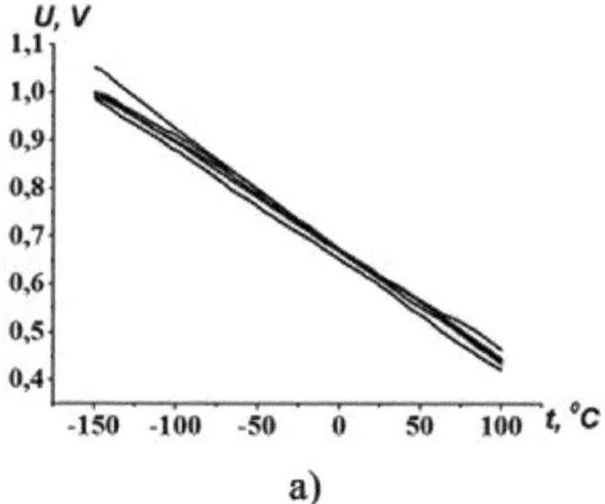

a)

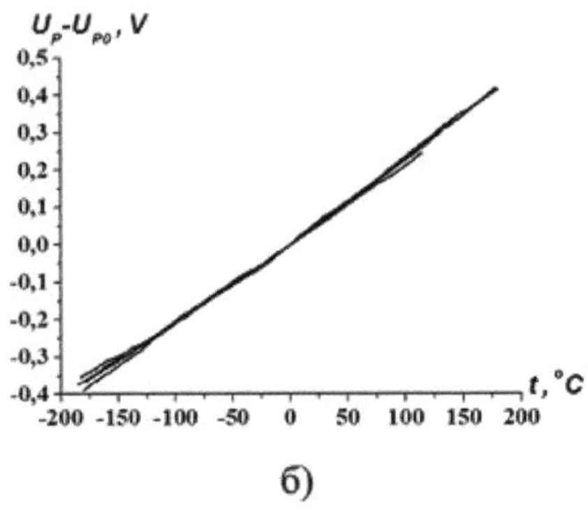

б)

Fig. 3.2. Caraterísticas tensão-temperatura de um sensor térmico de díodos convencional com junção p-p (a) e de um sensor térmico de díodos com área de base reduzida (b)

Assim, são apresentadas expressões analíticas (fórmulas (3.4) e (3.5)) que descrevem a influência dos parâmetros tecnológicos e materiais na termossensibilidade da estrutura para o termossensor de díodos com área de base empobrecida e para os termossensores de díodos tradicionais, e mostra-se que a estrutura proposta tem uma vantagem competitiva significativa na melhoria da precisão das medições em comparação com as tradicionais, o que também é confirmado por resultados experimentais.

3.3. Investigação das principais caraterísticas de desempenho dos sensores de temperatura no esquema de comutação proposto

As dependências da temperatura das principais caraterísticas operacionais de amostras laboratoriais de sensores térmicos foram investigadas utilizando o banco de ensaios desenvolvido e fabricado. Em particular, foram medidas as caraterísticas voltampere a sete temperaturas diferentes (Fig. 3.3.), a partir das quais foi determinada a dependência da temperatura do coeficiente de não-idealidade (Fig. 3.4) e da corrente de saturação (Fig. 3.5).

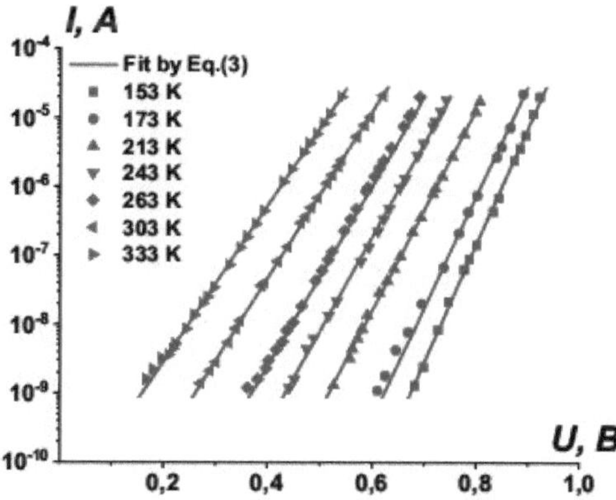

Figura 3.3. Caraterísticas do voltampere a sete temperaturas diferentes.
Fig. 3.4. Dependência do coeficiente de não-idealidade em relação à temperatura.

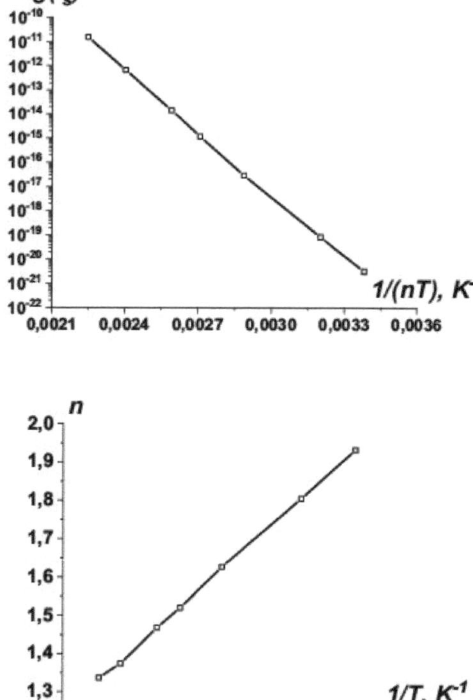

Fig. 3.5. Dependência do coeficiente de não-idealidade e da corrente de saturação.

A comparação dos valores de sensibilidade térmica calculados para duas correntes de polarização diferentes (1 e 10 μA) com os valores experimentais correspondentes revelou uma boa concordância, Fig. 3.6. A dependência da temperatura (em quatro valores de temperatura) da tensão de depleção da região da base em relação à tensão de polarização também foi medida em amostras de laboratório do Tipo I (Fig. 3.7) e do Tipo II (Fig. 3.8). A dependência da temperatura da tensão de depleção da região da base a uma temperatura decrescente e a uma temperatura crescente foi investigada (Fig. 3.9), o que mostrou a independência (as alterações estão dentro do erro de medição) da sensibilidade à temperatura em relação ao sinal da alteração da temperatura.

A comparação dos valores de sensibilidade térmica calculados (calculados utilizando a fórmula (3.5)) com os valores experimentais correspondentes mostrou uma boa concordância, Fig. 3.10.

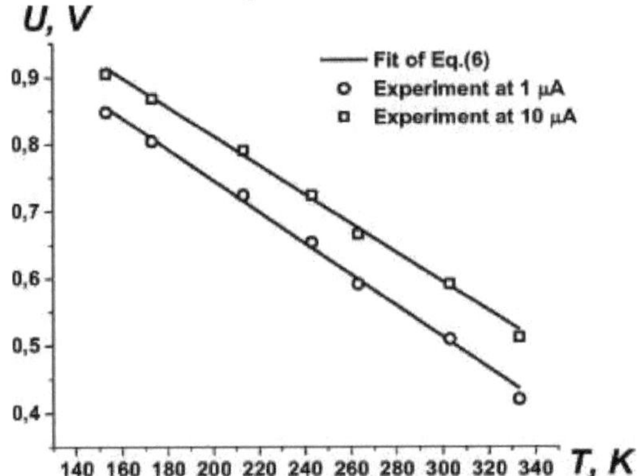

Figura 3.6. Sensibilidades térmicas a duas correntes de polarização diferentes (1 e 10 μA)

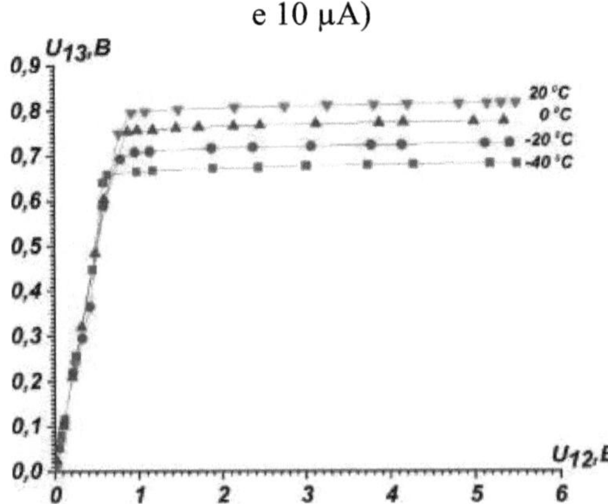

Figura 3.7. Dependência da temperatura da tensão de depleção da região da base com a tensão de polarização em amostras de laboratório do tipo I.

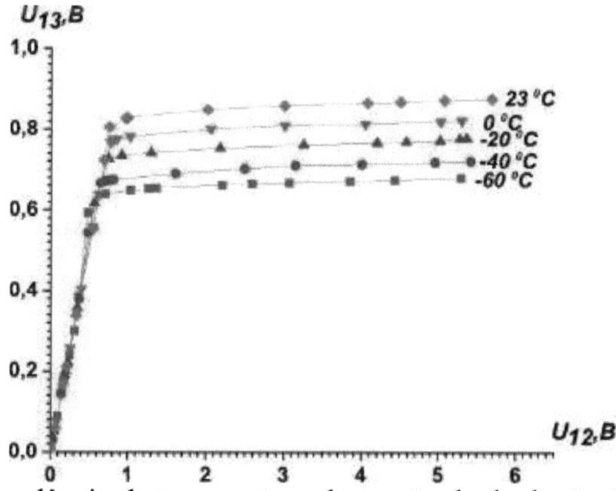

Figura 3.8. Dependência da temperatura da tensão de depleção da região da base com a tensão de polarização em amostras de laboratório do tipo II.

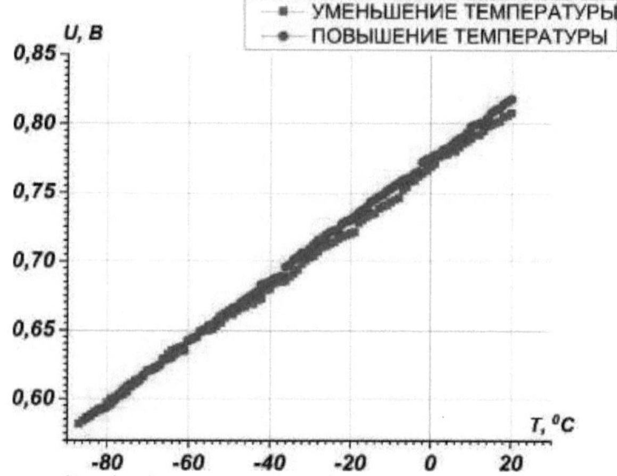

Figura 3.9. Dependência da temperatura da tensão de depleção da região da base a uma temperatura decrescente e a uma temperatura crescente.

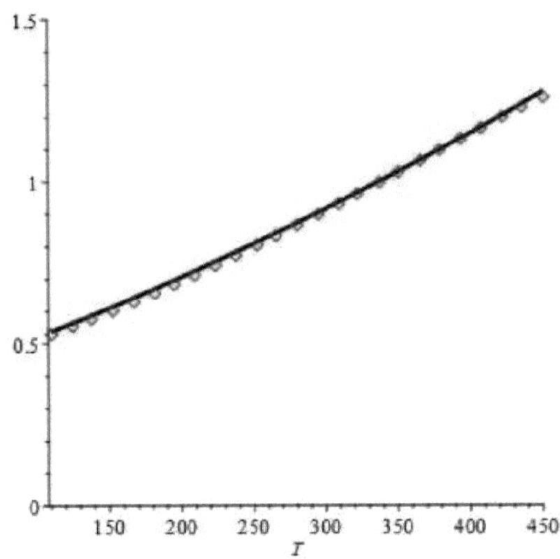

Fig. 3.10. Coeficiente de temperatura da tensão $(TKH = \frac{dU}{dT}; \text{мВ/°C})$.

CONCLUSÃO

Nos últimos anos, os sensores de temperatura tornaram-se muito utilizados em vários domínios e a sua procura continua a crescer todos os dias. Na produção em série, é essencial produzir sensores de temperatura com parâmetros reprodutíveis e estáveis, o que permite reduzir os custos de rejeição e calibração de sensores de temperatura individuais, reduzir o número de dispositivos inutilizáveis e, assim, reduzir significativamente os custos de produção. Neste aspeto, os sensores de temperatura de semicondutores com junção p-n são os mais adequados de todos os dispositivos para utilização como sensores de temperatura, que podem ser fabricados eficientemente utilizando a tecnologia de produção em massa e podem ser diretamente integrados com o sistema de processamento e transmissão de sinais num único cristal semicondutor. As melhores amostras estrangeiras de sensores de temperatura integrados em semicondutores podem atualmente fornecer medições de temperatura na gama de 0°C a +125°C com um erro de ±2,0°C. No entanto, existe uma necessidade na ciência e na indústria de monitorizar e medir temperaturas mais altas e mais baixas. Assim, por exemplo, no sistema de aquecimento a vapor de objectos urbanos e rurais, são necessárias medições altamente precisas (não inferiores a ±1°C) da temperatura do vapor de água da ordem dos (100-150) °C.

Este trabalho de tese é dedicado ao estudo das particularidades do fabrico de um sensor de temperatura de três eléctrodos e de algumas questões tecnológicas, desenvolvidas em condições de fábrica com base em estruturas de silício. Revela também os aspectos estruturais e caraterísticas termoeléctricas de um sensor de três eléctrodos em oposição a um sensor de dois eléctrodos, permitindo-nos estabelecer as vantagens de uma ou outra estrutura. A fim de criar um sensor de temperatura sem as desvantagens acima referidas, propusemos uma nova estrutura e conceção do sensor termoelétrico. Trata-se de uma estrutura p-l com duas almofadas de contacto na parte superior da região n de um (tipo n), formada e 56 em contacto com uma região fortemente dopada de condutividade diferente (tipo p). A tensão de funcionamento é a tensão inversa aplicada ao contacto no topo da região n e ao contacto (criado) na região p fortemente dopada. O potencial de medição é tomado de um dos contactos superiores (na região n) em relação ao contacto (na região p inferior) fortemente dopado. A uma certa tensão de funcionamento de bloqueio (depleção da junção p-l) há uma depleção completa no lado do nível inferior da base, e o potencial de medição (tensão) da tensão de funcionamento crescente pára de aumentar e adquire um valor inalterado, mas com o aumento da temperatura aumentará linearmente em proporção a ela (aqui a razão do incremento do potencial de medição para o aumento da temperatura é o "coeficiente de temperatura da termossensibilidade"). Como os estudos demonstraram, este coeficiente de sensibilidade à temperatura não depende da tensão ou da corrente de funcionamento, ou seja, tem uma propriedade auto-estabilizadora.

A validade dos resultados experimentais obtidos é comprovada pela utilização no trabalho de tese de bancos de laboratório padrão, tais como o medidor de capacitância de junção de transístor de baixa potência L2-28, o instrumento digital combinado Shch-300 e 301-1, a fonte de corrente constante B5-43A, bem como o regulador de contador 2TRM1.

Assim, na tese, foi estudada experimentalmente uma variedade de estruturas de três eléctrodos que funcionam no modo de termossensor e os resultados experimentais obtidos mostram a validade dos cálculos e medições efectuados sobre a possibilidade de um tal termossensor funcionar no modo de alta precisão, com baixo consumo de energia e estabilidade quando funciona a partir de uma fonte instável com baixa tensão.

LISTA DE REFERÊNCIAS

1. Childs P.R.N., Greenwood J.R., Long C.A. Revisão da medição da temperatura. Review of Scientific Instruments, 2000, vol. 71, pp. 2959-2978.
2. Mansoor M., Haneef I., Akhtar S., De Luca A., Udrea F. Sensores de temperatura de diodo de silício - uma revisão das aplicações. Sensores e Atuadores A: Físico, 2015, vol. 232, pp. 63-74.
3. Bakhadyrkhanov M.K., Valiev S.A., Tachilin S.A., Nasriddinov S.S. Sensitive thermosensors on the basis of highly compensated silicon. Engenharia de Superfícies e Eletroquímica Aplicada, 2007, vol. 43, no. 6, pp. 505-507.
4. Karimov M., Makhkamov Sh., Makhmudov Sh.A., Muminov R.A., Rakhmatov A.Z., Sandler L.S., Sattiev A.R., Sulaimanov A.A., Tursunov N.A. Peculiaridades da influência dos defeitos de radiação na fotocondutividade do silício irradiado por neutrões rápidos. Applied Solar Energy, 2010, vol. 46, no. 4, pp. 298-300.
5. Udrea F., Santra S., Gardner J.W.. CMOS temperature sensors - concepts, state-of-the-art and prospects / CAS 2008, International Semiconductor Conference, Sinaia, Roménia, 2008, 13-15 outubro. -PP. 31-40.
6. Souri K., Chae Y., Makinwa KAA Um sensor de temperatura CMOS com uma imprecisão calibrada por tensão de ± 0,15 ° C (3σ) de -55 ° C a 125 ° C // IEEE Journal of Solid-State Circuits, 2013. - Vol. 48, No. 1. -PP. 292-301.
7. Patente RUz № IAP 05120 "Sensor multifuncional baseado num transístor de efeito de campo" / Karimov A.V., Yodgorova D.M., Abdulkhaev O.A., Dzhuraev D.R., Turaev A.A..
8. Física. Grande Dicionário Enciclopédico / Ed. por A. M. Prokhorov. Moscovo: Grande Enciclopédia Russa, 1998. C. 741- 944.
9. Evdokimov I.N. Métodos e meios de investigação Parte 1. Temperatura (livro didático). Universidade Estatal Russa de Petróleo e Gás de Gubkin, Departamento de Física, Moscovo: 2004, 106 p.
10. Unidades de grandezas físicas e suas dimensões: Manual de formação e de referência. Moscovo: "Nauka", 1988. 432 c.
11. Д. A. Parshin, G. G. Zegrya. Termodinâmica estatística.
12. GOST 8.417-2002. Sistema estatal para assegurar a uniformidade das medições. UNIDADES DE GRANDEZAS.
13. Galileo G. Mestre de Ensaio - M., 1987.
14. Bulkin P.S., Vasilieva O.N., Kirov S.A., Malova T.I. Medição de temperatura por termómetros semicondutores. Tutorial - M.: OOP Phys. facta MSU, 2012, 3-5s.
15. Gerashchenko O. A. Medições térmicas e de temperatura. Manual de referência. K.: Nakova Dumka, 1965, 304 p.

16. GOST 27544-87. Termómetros de vidro líquido.
17. Grunin V. K. §2.3.4 Receptores de radiação termoelétrica// Fontes e receptores de radiação:-SPb.: Editora da SPbGETU "LETI", 2015. - 167 c.
18. V.I. Panferov. Para a teoria dos termopares. - Boletim da SUSU, 2007,№14,48-50 p.
19. Zhukovsky, P. A. Revisão dos sensores termorresistivos metálicos / P. A. Zhukovsky, M. K. Avseenok. - Texto: direto // Jovem cientista. - 2019. - № 28 (266). -C. 30-31.
https://moluch.ru/archive/266/61588.
20. Abdulhaev O.A., Bebitov R.R., Abdulhaeva A.R., Yodgorova D.M. Limitação da precisão da medição de temperatura por sensores semicondutores dependendo do coeficiente de estabilização da corrente de operação // Uzbek Journal of Physics, 2018. - Vol.20, No.5. - PP. 300-304.
21. Abdulkhaev O.A., Yodgorova D.M., Bebitov R.R., Hakimov A.A., Rakhmatov A.Z., Shertoev J.Kh Caraterísticas da sensibilidade térmica de estruturas de silício com área de base esgotada // "Física de semicondutores e microeletrónica", 2019, Volume 1, Edição 3, pp.43-50.
22. Zaitsev, Yu.V. Conversores termoeléctricos de semicondutores // M.: Nauka, 1985. 120 c.
23. Trabalho de qualificação SUSU -12.03.01.2017.114 vkr.- P.35.
24. Raymond G., Sensores de temperatura: com ou sem contacto? // Revista Sensors, Jan2006.
http://www.sensorsmag.com/sensors/article/articleDetail.jsp?id=317360
25. Gordov A.N. Fundamentals of pyrometry // 2ª ed. M.: Metallurgy, 1971.
26. Ambrock G.S., Baronenkova Y.D., Gogolev H.JI. Métodos e meios de pirometria ótica // M.: Nauka, 1983. C. 93-102.
27. Samsonov G.V., Kitz A.I., Kyuzdeni O.A. Sensores para a medição da temperatura na indústria // Kiev: Izd-wo nauk, dumka, 1972 -251s.
28. Mathews D. Escolher e utilizar um sensor de temperatura // Sensors magazine,121 https://mirmarine.net/elektromekhanik/sudovaya-avtomatika/979-datchiki-temperatury
29. Golembo B.A., Kotlyarov B.JT., Shvetsky B.I. Piezoquartz analogue-digital temperature converters // Lviv: Vishcha Shkola, 1977.
30. Grandezas físicas. Livro de referência. Moscovo: Energoatomizdat, 1991. http://twt.mpei.ac.ru/PVHB/index.html
31. A. J. Chiquito, O. M. Berengue, E. Diagonel, J. C. Galzerani, e J. R. Moro, "Temperature sensors based on synthetic diamond films," Diam. Galzerani, e J. R. Moro, "Temperature sensors based on synthetic diamond films," *Diam. Relat. Mater.*, vol. 16, no. 8, pp. 1652-1655, 2007, doi:

10.1016/j.diamond.2007.02.012.
32. D. L. Blackburn, "Temperature measurements of semiconductor devices - A review," in *Annual IEEE Semiconductor Thermal Measurement and Management Symposium*, 2004, vol. 20, pp. 70-80, do projeto 10.110/stherm.2004.1291304. 20, pp. 70-80, doi: 10.1109/stherm.2004.1291304.

Printed by Books on Demand GmbH, Norderstedt / Germany